Supraleitende magnetische Energiespeichersysteme (SMES) für dezentrale Versorgungsnetze

Antonio Colmenar-Santos ·
Enrique Rosales-Asensio ·
Enrique-Luis Molina-Ibáñez

Supraleitende magnetische Energiespeichersysteme (SMES) für dezentrale Versorgungsnetze

Antonio Colmenar-Santos
Department of Electrical Engineering
Electronics, Control, Telematics and
Chemistry Applied to Engineering
Universidad Nacional de Educación
a Distancia
Madrid, Spain

Enrique Rosales-Asensio
Department of Electrical Engineering
Universidad de Las Palmas de Gran Canaria
Las Palmas de Gran Canaria, Las Palmas,
Spain

Enrique-Luis Molina-Ibáñez
Department of Electrical Engineering
Electronics, Control, Telematics and
Chemistry Applied to Engineering
Universidad Nacional de Educación
a Distancia
Madrid, Spain

ISBN 978-3-031-96052-9   ISBN 978-3-031-96053-6 (eBook)
https://doi.org/10.1007/978-3-031-96053-6

Die Deutsche Nationalbibliothek verzeichnet diese Publikation in der Deutschen Nationalbibliografie; detaillierte bibliografische Daten sind im Internet über https://portal.dnb.de abrufbar.

Übersetzung der englischen Ausgabe: „Superconducting Magnetic Energy Storage Systems (SMES) for Distributed Supply Networks" von Antonio Colmenar-Santos et al., © The Author(s), under exclusive license to Springer Nature Switzerland AG 2023. Veröffentlicht durch Springer Nature Switzerland. Alle Rechte vorbehalten.

Dieses Buch ist eine Übersetzung des Originals in Englisch „Superconducting Magnetic Energy Storage Systems (SMES) for Distributed Supply Networks" von Enrique-Luis Molina-Ibáñez et al., publiziert durch Springer Nature Switzerland AG im Jahr 2023. Die Übersetzung erfolgte mit Hilfe von künstlicher Intelligenz (maschinelle Übersetzung). Eine anschließende Überarbeitung im Satzbetrieb erfolgte vor allem in inhaltlicher Hinsicht, so dass sich das Buch stilistisch anders lesen wird als eine herkömmliche Übersetzung. Springer Nature arbeitet kontinuierlich an der Weiterentwicklung von Werkzeugen für die Produktion von Büchern und an den damit verbundenen Technologien zur Unterstützung der Autoren.

© Der/die Herausgeber bzw. der/die Autor(en), exklusiv lizenziert an Springer Nature Switzerland AG 2025

Das Werk einschließlich aller seiner Teile ist urheberrechtlich geschützt. Jede Verwertung, die nicht ausdrücklich vom Urheberrechtsgesetz zugelassen ist, bedarf der vorherigen Zustimmung des Verlags. Das gilt insbesondere für Vervielfältigungen, Bearbeitungen, Übersetzungen, Mikroverfilmungen und die Einspeicherung und Verarbeitung in elektronischen Systemen.

Die Wiedergabe von allgemein beschreibenden Bezeichnungen, Marken, Unternehmensnamen etc. in diesem Werk bedeutet nicht, dass diese frei durch jede Person benutzt werden dürfen. Die Berechtigung zur Benutzung unterliegt, auch ohne gesonderten Hinweis hierzu, den Regeln des Markenrechts. Die Rechte des/der jeweiligen Zeicheninhaber*in sind zu beachten.

Der Verlag, die Autor*innen und die Herausgeber*innen gehen davon aus, dass die Angaben und Informationen in diesem Werk zum Zeitpunkt der Veröffentlichung vollständig und korrekt sind. Weder der Verlag noch die Autor*innen oder die Herausgeber*innen übernehmen, ausdrücklich oder implizit, Gewähr für den Inhalt des Werkes, etwaige Fehler oder Äußerungen. Der Verlag bleibt im Hinblick auf geografische Zuordnungen und Gebietsbezeichnungen in veröffentlichten Karten und Institutionsadressen neutral.

Springer Vieweg ist ein Imprint der eingetragenen Gesellschaft Springer Nature Switzerland AG und ist ein Teil von Springer Nature.
Die Anschrift der Gesellschaft ist: Gewerbestrasse 11, 6330 Cham, Switzerland

Wenn Sie dieses Produkt entsorgen, geben Sie das Papier bitte zum Recycling.

Exekutive Zusammenfassung

Der Bedarf an der Entwicklung von Energieversorgungssystemen, deren Effizienz zu steigern und Energie in großen Mengen für zukünftige technologische und soziale Herausforderungen speichern zu können, hat dazu geführt, dass Forschung und Vorschriften im Elektrizitätssektor in diese Richtung orientiert sind. In diesem Zusammenhang sind Stromverteilnetze auf vermaschte Netze ausgerichtet, in denen kleine verteilte Erzeugungsquellen geschaffen werden, oder an sehr unterschiedlichen Standorten, mit kleinen Versorgungsunternetzen. All dies wird mittels eines elektronischen Versorgungsüberwachungs- und Steuerungssystems kontrolliert und überwacht.

Die Hauptquellen für die Erzeugung, auf die bei dieser Art von Netzen hauptsächlich gesetzt wird, sind überwiegend erneuerbare, photovoltaische und windenergetische Quellen. Hinzu muss ein Energiespeichersystem kommen, das zu jeder Zeit die Versorgung garantieren kann.

Derzeit ist das Hauptenergiespeichersystem, das zur Verfügung steht, das Pumpen von Wasser. Die Pumpspeicher sind eine der ausgereiftesten Speichertechnologien und werden in ganz Europa in großem Maßstab eingesetzt. Sie macht derzeit mehr als 90 % der auf europäischer Ebene installierten Speicherkapazität aus. Ihr Hauptproblem ist die große Größe und die physischen Eigenschaften, die für seine Installation erforderlich sind. Ein weiteres Problem ist das, was wir als die "Selbstentladung" dieses Speichersystems betrachten könnten, die Verdunstung des gestauten Wassers.

Andere Systeme umfassen chemische Systeme, wie Wasserstoffspeicherung (als Energieträger, in dessen Entwicklung und Implementierung viele Ressourcen investiert werden); elektrochemische, wie Lithiumbatterien; thermische, wie Latentwärmespeicher; mechanische, wie Schwungradspeicher (FES) oder Druckluftenergiespeicher (CAES); oder elektrische, wie Superkondensatoren oder supraleitende magnetische Energiespeicher-Systeme (SMES).

SMES-Systeme basieren auf der Erzeugung eines Magnetfeldes einer supraleitenden Spule in einem Kryostaten, wo das supraleitende Material eine Temperatur unterhalb seiner kritischen Temperatur, Tc, hat. Diese Materialien werden in zwei Typen klassifiziert: HTS – Hochtemperatursupraleiter, und LTS – Niedertemperatursupraleiter.

Diese Speichersysteme bieten eine hohe Speicherkapazität, die für unterbrechungsfreie Stromversorgungssysteme (UPS – unterbrechungsfreie Stromversorgung) nützlich sein kann.

Darüber hinaus sind sie auch nützlich für die Regulierung und Kontrolle von Spannungen, die Unterdrückung von Netzschwankungen, was die Integration von erneuerbaren Energien in das Energiesystem unterstützt.

Das Problem der Implementierung eines Speichersystems ist auf zwei Hauptfaktoren zurückzuführen, regulatorische und wirtschaftliche. Bezüglich des Ersteren kann ein Übermaß an Vorschriften oder ein Mangel daran seine Implementierung einschränken oder seine Implementierung und Verbreitung fördern. In diesem Sinne können wir je nach Struktur jedes Landes verschiedene gesetzliche Ebenen finden. So müssen beispielsweise im Fall von Spanien verschiedene regulatorische Ebenen berücksichtigt werden, mit dem Ziel, eine angemessene Einbeziehung von SMES-Systemen zu gewährleisten, ihre Nutzung und Regulierung in Fertigungssystemen zu fördern. Diese Ebenen können wie folgt zusammengefasst werden:

1. Europäische Union (EU), durch die entsprechenden Gemeinschaftsverordnungen oder -richtlinien.
2. National, durch gewöhnliche Gesetze, königliches Dekret-Gesetz oder Verordnungen (königliches Dekret, Ministerialerlass, Rundschreiben, Beschlüsse …).
3. Andere Vorschriften regionaler Anwendung, wie Dekrete oder Anordnungen.

In Bezug auf die regionale regulatorische Ebene (Autonome Gemeinschaften) ist sie sehr begrenzt, mit Ausnahme der Möglichkeit sowohl wirtschaftlicher als auch administrativer Hilfen für ihre Umsetzung.

In anderen Ländern, wie den Vereinigten Staaten, wird die Energiepolitik vom Department of Energy (DOE – Department of Energy) durch einen für den mittel-/langfristigen Zeitraum genehmigten Energieplan (Energy Policy Act von 2005) festgelegt oder in Japan mit seinem Basic Energy Plan *(Enerugi Kihon Keikaku)*.

Das zweite Problem, mit dem dieses Speichersystem konfrontiert ist, ist wirtschaftlicher Natur. Um die Rentabilität einer solchen Investition und die möglichen wirtschaftlichen Vorteile der Nutzung dieses Systems zu kennen, müssen mehrere Aspekte berücksichtigt werden:

- Investitionskosten: die Baukosten des Systems, die von der Größe und der zu verwendenden Technologie abhängen, die elektrischen Kosten des Systems oder die Kosten der Hilfssysteme.
- Betriebs- und Wartungskosten: Abhängig von der Größe der Anlage und einem Faktor, der mit der Lebensdauer der Anlage zusammenhängt.
- Finanzierungskosten: Zu berücksichtigen bei mittleren und großen Anlagen.

Unter den Vorteilen ist es notwendig, die Zeiten der vermiedenen Netzausfälle zu berücksichtigen, in Anbetracht dessen, dass während dieser Zeit Unternehmen oder Fabriken nicht produzieren und erhebliche Verluste verursachen, sowie die möglichen Umweltvorteile aufgrund der Nicht-Emission von Treibhausgasen (THG) oder anderen Gasen, die für den Menschen schädlich sind.

Aber um die Durchdringung dieser Art von Energiespeichersystemen im Energiesystem zu analysieren, ist es notwendig zu analysieren, wo es sich in Bezug auf das elektrische Netz befindet. In diesem Sinne deutet alles auf die dezentrale Erzeugung von Elektrizität hin, wo es kleine Generatoren gibt, die vermascht und vom Netzbetreiber überwacht sind.

Auf der anderen Seite muss berücksichtigt werden, dass die Weltbevölkerung tendenziell städtisch ist, zum Beispiel leben derzeit mehr als 80 % der Spanier[1] in einer Stadt im Vergleich zu 65 %, die es vor 50 Jahren getan haben. Dieses Phänomen ist in allen Ländern der Welt verbreitet, was impliziert, dass Energiemanagement-, Erzeugungs- und Verteilmodelle auf die Entwicklung von intelligenten Städten oder Smart Cities ausgerichtet sein sollten, die darauf abzielen, die Effizienz verschiedener Hebel der Aktion zu erhöhen, wie zum Beispiel Stromerzeugung, Bauwesen, Mobilität oder Verwaltung und soziale Dienste, sowie die Verbesserung des Betriebs des Netzes oder die Einführung erneuerbarer Energien.

In Bezug auf die Hebel der Smart Cities gibt es einige übergreifende Elemente, die es ermöglichen, die notwendige Synergie zu erzielen, um die zuvor erwähnte Managementeffizienz zu steigern. Zu diesen Elementen gehören:

- Informationstechnologie und Kommunikationstechnologien.
- Systemsensorik.
- Sicherheit/Cybersicherheit.
- Bau- und Fertigungsmaterialien.

Es ist wichtig, die Eigenschaften von Energiespeichersystemen, wie dem SMES-System in Smart Cities, in Bezug auf die Erzeugung und Unterstützung von elektrischer Energie zu analysieren, angesichts ihrer Eigenschaften. Diese Systeme können während des Ladens und Entladens dazu beitragen, großen Leistungsspitzen standzuhalten, wie beispielsweise beim Starten von Motoren oder in anderen industriellen Prozessen, die sehr geringe Reaktionszeiten und eine hohe Kapazität für punktuelle Energieversorgung erfordern.

Trotz der positiven Eigenschaften, die ein Speichersystem dieser Art bieten kann, hat es einige Mängel, die derzeit nicht mit der für SMES-Systeme entwickelten Technologie behoben werden können, wie die geringe Energiedichte, die sie haben. Um die Unterstützungssysteme für die Erzeugung von elektrischer Energie zu ergänzen, besteht die Möglichkeit, eine Hybridisierung der Speichersysteme

---

[1]Anmerkung zur Übersetzung: Bei der Übersetzung von im Englischen nicht nach Geschlecht differenzierten Personenbezeichnungen wie [entsprechende Begriffe einsetzen wie z. B. „client", „social worker"] u. Ä. wurde im Deutschen meistens die männliche Form [hier die deutsche Entsprechung einsetzen, z. B. „Klient", „Sozialarbeiter" etc.] verwendet, um den Text kürzer und besser lesbar zu machen. Selbstverständlich sind damit Personen jeden Geschlechts gemeint.

durchzuführen. Die Idee besteht darin, ein System mit hoher Leistungsdichte und geringen Reaktionszeiten, wie das SMES-System, mit Systemen zu kombinieren, die große Mengen an Energie speichern können, wie Batterien, Druckluftspeicher oder durch Pumpspeicherseen.

Unter den Möglichkeiten der Hybridisierung der Speichersysteme können wir über Systeme im aktiven Parallelbetrieb, im passiven Parallelbetrieb oder in Kaskade sprechen, abhängig von den Anforderungen, die in jedem Moment und Situation erforderlich sind.

Es ist wichtig, die Einschränkungen der Verteilnetze, Erzeugungs- und Speichersysteme zu kennen, um die Möglichkeiten der Implementierung und Einbeziehung neuer Systeme in das elektrische Netz zu kennen. In Bezug darauf ermöglichen SMES-Speichersysteme die Unterstützung neuer Stromversorgungsnetze.

Auf der anderen Seite besteht die Notwendigkeit, Energiespeicherlösungen für die Prozesse und Elemente zu finden, die mit dem Netz interagieren können. Einer der wichtigen Punkte ist das Lade- und Autonomiesystem von Elektrofahrzeugen. Nicht nur die Möglichkeit intelligenter Systeme, bei denen eines der Erzeugungs-/Speichersysteme des Netzes durch das SMES-System erfolgt, sondern das interne Speicherelement der Fahrzeuge impliziert ein Speichersystem mit hoher Leistungsdichte.

Das Wachstum im Verkauf und in der Herstellung von Elektrofahrzeugen sowie die Vorschriften, die darauf abzielen, den Verkauf von Fahrzeugen mit Verbrennungsmotor (Diesel oder Benzin) in den kommenden Jahren zu reduzieren, machen es unerlässlich, Lösungen zu finden, die die Autonomie von Fahrzeugen oder die Ladezeit dieser verbessern und den aktuellen Fahrzeugen mit Verbrennungsmotor ähneln können.

Trotz der Tatsache, dass Lithium-Ionen-Batterien eine hohe Leistungsdichte aufweisen, die notwendig ist, um den Elektroantriebe dieses Fahrzeugtyps zu starten, wird ein weiteres Speicherelement benötigt, das in der Lage ist, die notwendige Leistung zu spezifischen Zeitpunkten bereitzustellen.

Die neuen Elektrofahrzeuge haben eine Reichweite von einigen hundert Kilometern mit einer vollständig geladenen Batterie und in perfektem Zustand (es gibt ein Phänomen der Kapazitätsdegradation, daher ist die Kapazität der Batterien nicht immer die anfängliche) und eine Batterieladezeit von etwa Stunden oder Minuten, obwohl es Systeme gibt, die sehr schnell aufladen können, aber das kann die Lebensdauer der Batterien beeinflussen.

Es muss bedacht werden, dass die Vorteile, die ein SMES-Speichersystem bieten kann, gegen die Nachteile abgewogen werden können, die es mit sich bringt. Diese Nachteile, die dieses System bietet, sind hauptsächlich zwei; das erste ist die Notwendigkeit eines Kühlsystems für die Spule, damit sie ständig unterhalb der kritischen Temperatur des Spulenmaterials ist.

Was das Zweite betrifft, so handelt es sich um die Größe dieser Geräte und das Gewicht, angesichts der Energiedichte dieser Geräte. Eine weitere Möglichkeit dieser Elemente liegt in Prozessen, ob sie nun mit dem Netz verbunden sind oder in einem Inselsystem betrieben werden, wo erneuerbare Energiequellen mit gemischten Energiespeicherelementen kombiniert werden, mit Elementen hoher Energiedichte zusammen mit anderen wie dem SMES-System.

In diesen Systemen ist es unerlässlich, jederzeit die Qualität des gelieferten Stroms, ob aus erneuerbaren Quellen, aus dem Netz oder aus Speichersystemen, sowie das ordnungsgemäße Funktionieren der Prozessmaschinen zu kontrollieren, um die Nutzungsdauer des Systems zu verlängern.

Inhaltsverzeichnis

1	Einleitung...	1
	Literatur..	21
2	Gesetzliche und wirtschaftliche Aspekte für die Einbeziehung von Energiereserven durch einen supraleitenden magnetischen Energiespeicher: Anwendung auf den Fall des spanischen Elektrizitätssystems..	27
	2.1 Einführung...	28
	2.2 Material und Methoden................................	32
	2.2.1 Theoretischer Rahmen..........................	32
	2.2.2 Berechnungen.................................	33
	2.3 Ergebnisse...	36
	2.3.1 Wirtschaftliche Analyse........................	36
	2.3.2 Wirtschaftliche Vorteile........................	38
	2.3.3 Umweltvorteile................................	40
	2.4 Diskussion...	42
	2.4.1 Gemeinschaftsgesetzgebung (EU)................	43
	2.4.2 Nationale Gesetzgebung........................	44
	2.4.3 Regulierung und Standardisierung................	47
	2.4.4 Vergleich mit anderen Ländern..................	47
	2.5 Schlussfolgerungen und politische Implikationen.........	49
	Anhang 1...	50
	Anhang 2...	52
	Anhang 3...	52
	Anhang 4...	52
	Literatur..	62
3	Technischer Ansatz für die Einbeziehung von supraleitenden magnetischen Energiespeichern in einer Smart City..............	69
	3.1 Einführung...	70
	3.2 Material und Methoden................................	72
	3.3 Theoretischer Rahmen.................................	75

3.4	Ergebnisse		77
	3.4.1	Ladung des Speichersystems	77
	3.4.2	Entladung des Speichersystems	79
3.5	Diskussion		81
3.6	Schlussfolgerungen		86
	Anhang 1		87
	Anhang 2		91
	Anhang 3		95
	Literatur		96

4 Analyse eines Elektrofahrzeugs mit einem Hybrid-Speichersystem und der Verwendung von supraleitenden magnetischen Energiespeichern (SMES) ... 99

4.1	Einführung		100
4.2	Materialien und Methoden		104
	4.2.1	Hybridisierungssysteme	105
	4.2.2	Regulatorischer Rahmen	108
	4.2.3	Wirtschaftliche Analyse	111
4.3	Ergebnisse		114
	4.3.1	Umweltvorteile	114
	4.3.2	Wirtschaftliche Vorteile	116
4.4	Diskussion		119
	4.4.1	Vorteile des Hybridsystems	119
	4.4.2	Nachteile des Hybridsystems	120
	4.4.3	Faktoren zur Verbesserung von EV	121
4.5	Schlussfolgerungen		123
	Literatur		124

5 Schlussfolgerungen ... 129

Kapitel 1
Einleitung

Derzeit gehört die Reduzierung der Emission von Treibhausgasen, THG, einschließlich der Energiesysteme, zu den Hauptaufgaben der kommenden Jahre, um den Klimawandel zu bekämpfen. Daher ist es unerlässlich, Technologien zu entwickeln, die die Stromversorgung garantieren und die Versorgungsqualität verbessern können.

In diesem Zusammenhang finden wir Energiespeichersysteme, wie das supraleitende magnetische Energiespeichersystem, SMES. Dieses System wurde entwickelt und erforscht, um seine Betriebseigenschaften zu verbessern, wie die Untersuchung neuer Materialien zur Erhöhung der kritischen Temperatur der Spule [1] oder durch die Erforschung neuer Herstellungsprozesse [2]. Die Hauptmerkmale dieser Geräte sind in Tab. 1.1 aufgeführt.

Das Gerät besteht aus der supraleitenden Spule, einem Kryostaten, um die Spule unter der kritischen Temperatur zu halten, und den Hilfssystemen, die den Betrieb und die Kühlung dieser Spule ermöglichen, durch ein Steuerungs- und Messsystem, wie in Abb. 1.1 dargestellt.

Um die Entwicklungsmöglichkeiten in elektrischen Systemen zu sehen, muss eine Studie definiert und geplant werden, die auf die Analyse der Möglichkeit der Evolution und Implementierung des supraleitenden magnetischen Energiespeichersystems (SMES) ausgerichtet ist. Zu diesem Zweck haben wir versucht, die verschiedenen Bereiche zu analysieren, in denen jedes Gerät agieren und sich konzentrieren muss, um einen Einfluss zu haben und implementiert werden zu können.

Im ersten Fall wird versucht, die regulatorischen und wirtschaftlichen Aspekte zu analysieren, die ein Speichersystem dieser Art beeinflussen können, damit es sich entwickeln und im Stromsystem „konkurrieren" kann, speziell für das spanische Stromsystem. In diesem Sinne kann eine angemessene regulatorische Basis, das heißt aus dem öffentlichen Sektor, es der Speicherung ermöglichen, an Schwung im Energiemix zu gewinnen, und dass verschiedene Technologien, wie

Tab 1.1 Hauptmerkmale eines SMES [3–8]

Tägliche Selbst-entladung (%)	Energie-dichte (Wh/L)	Spezifische Energie (Wh/kg)	Leistungs-dichte (W/L)	Spezifische Leistung (W/kg)	Leistung (MW)	Reaktions-zeit	Ent-ladezeit	Geeignete Speicher-dauer	Effizienz (%)	Lebens-dauer (Jahr)	Lebens-dauer (Zyklen)
10–15	0,2–8	0,5–5	1000–4000	500–2000	0,01–10	<5 ms	ms–min	min–h	>95	20+	100.000

1 Einleitung

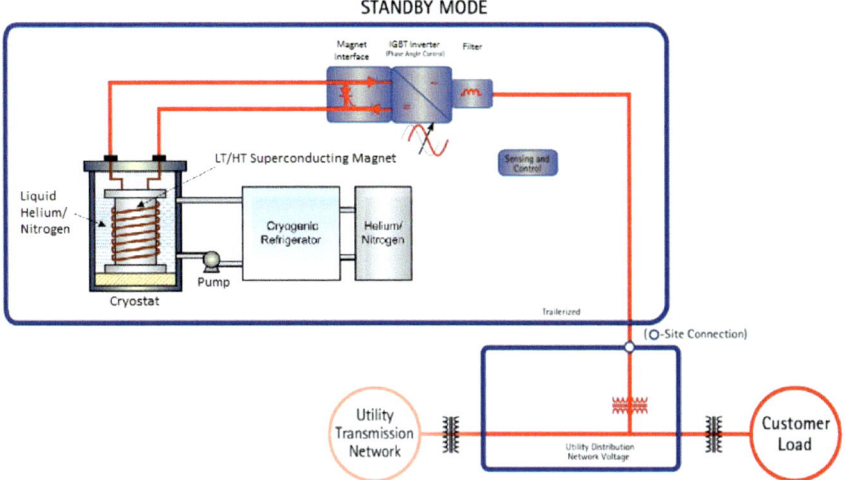

Abb. 1.1 Grundschema des SMES-Systems [3]

zum Beispiel SMES oder CAE, ihre Vorteile für die Produktion und Stromversorgung bieten können.

Zusätzlich zu dem oben Gesagten ist der wirtschaftliche Aspekt wesentlich. Einerseits müssen die Kosten des Geräts analysiert werden, sowohl in Bezug auf die Investition als auch auf die Wartung, basierend auf seiner Nutzungsdauer. Wie oben gesehen, ist diese Technologie nicht vollständig entwickelt und die Herstellungs- und Wartungskosten sind relativ hoch. Andererseits muss der wirtschaftliche Nutzen berücksichtigt werden, den die Verwendung dieser Speichersysteme in einem Stromsystem, in dem sie implementiert werden soll, bieten kann.

Die Gesamtkosten eines solchen Systems ergeben sich aus den Investitions-, Betriebs- und Wartungskosten sowie den Finanzierungskosten, gemäß [3].

Es muss berücksichtigt werden, dass die Bau- und Wartungsprozesse verbessert wurden und reduziert werden können, tatsächlich liegen die Betriebs- und Wartungskosten bei etwa 2–3 %, gemäß [9].

In Bezug auf die möglichen Vorteile, die ihre Implementierung mit sich bringen würde, zeigen die entwickelten Artikel die möglichen wirtschaftlichen und ökologischen Vorteile [3]. Im spanischen Stromsystem, als Referenz, muss berücksichtigt werden, dass in den letzten Jahren Investitionen getätigt wurden, um die Infrastruktur und das Netzsteuerungs- und Überwachungssystem sowie die Stromerzeugungssysteme zu verbessern.

Damit kann die Notwendigkeit eines unterbrechungsfreien Stromversorgungssystems, UPS, wie das SMES-Speichersystem, gezeigt werden. Wie in Abb. 1.2 zu sehen ist, hat sich die Verfügbarkeit in den letzten Jahren dank der Verbesserungen leicht verbessert, aber es muss noch viel getan werden, um mögliche Versorgungsprobleme zu vermeiden [10].

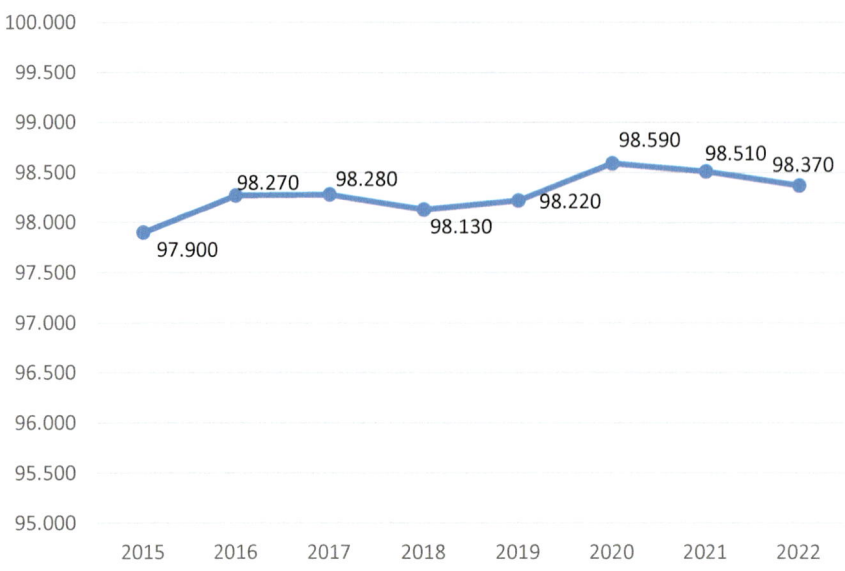

Abb. 1.2 Netzverfügbarkeit in Spanien [10]

Andererseits verbessern sich die Menge der nicht gelieferten Energie (ENS) und die durchschnittliche Unterbrechungszeit (AIT) nicht in Bezug auf die Verfügbarkeit, wie in den Abb. 1.3 und 1.4 gezeigt. Dies ist auf die Zunahme der installierten Leistung in der Größenordnung von 9,21 % zurückzuführen, trotz der Schließung einiger Kohlekraftwerke [10].

Andererseits sind die Umweltvorteile mehr als bemerkenswert, wie in Tab. 1.2 gezeigt, die die Abnahmen der Hauptschadstoffe, wie CO_2, CO, SO_2, NH_3 oder NO_x in den letzten Jahren zeigt, die ausschließlich durch die Stromerzeugung aus Kohle verursacht wurden. Diese können auch als wirtschaftlicher Nutzen betrachtet werden, da jedes Jahr Millionen von Euro für durch Verschmutzung verursachte Schäden gezahlt werden [11, 12], gemäß dem Strategischen Gesundheits- und Umweltplan des spanischen Gesundheitsministeriums [13], laut einer 2016 von der OECD veröffentlichten Studie, in der die wirtschaftlichen Folgen der Luftverschmutzung und ihre Variation in Bezug auf Umweltpolitiken erfasst werden. Die Studie zeigt die aktuelle und prognostizierte Situation der direkten Kosten (Arbeitsproduktivität, Gesundheitsausgaben und landwirtschaftlicher Ertrag) und der indirekten Kosten (Produktionsfaktoren, internationaler Handel und Bankwesen und Preisänderungen) der Luftverschmutzung, wenn keine effizienten Maßnahmen angewendet werden. Diese Kosten könnten von 0,3 % des aktuellen BIP im Durchschnitt in jedem OECD-Land auf 1 % im Jahr 2060 steigen.

Diese Tabelle zeigt die mehr als erhebliche Reduzierung der Emissionen dieser schädlichen Substanzen, manchmal Reduzierungen von mehr als 80 %. Dies ist hauptsächlich auf die Schließung von Wärmekraftwerken wie dem Wärmekraft-

1 Einleitung

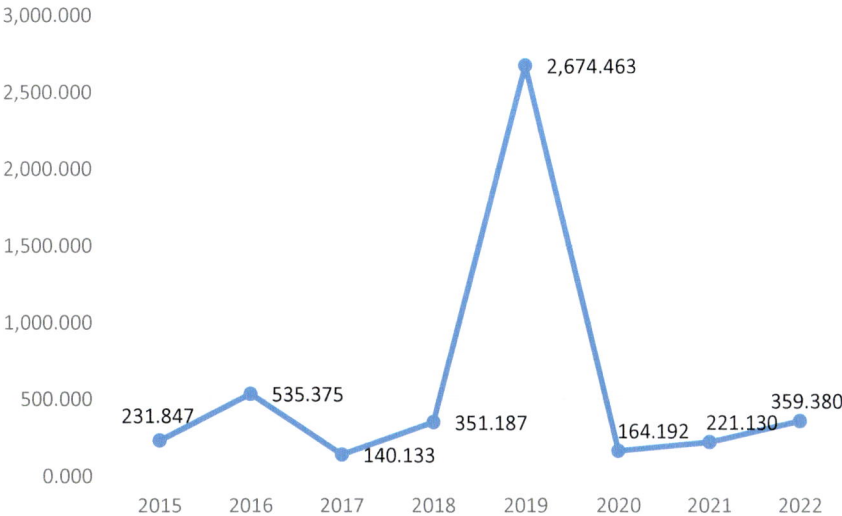

Abb. 1.3 Nicht gelieferte Energie (ENS), MWh

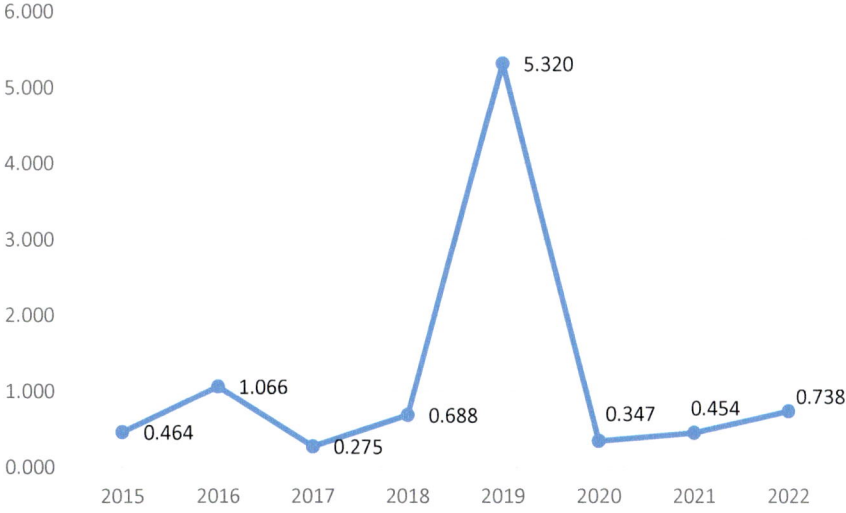

Abb. 1.4 Durchschnittliche Unterbrechungszeit (AIT) min

werk Teruel in Andorra zurückzuführen, das laut einem 2008 von Greenpeace vorgelegten Bericht durchschnittlich 6.828.042 Tonnen CO_2 pro Jahr ausstieß [16].

All dies ist auf die vom Europäischen Parlament und der spanischen Regierung durchgeführten Maßnahmen zurückzuführen, um die festgelegten Ziele bei der

Tab 1.2 Erzeugung von Stoffen durch den Verbrauch von Kohle, in Tonnen [10, 14, 15]

	2014	2015	2016	2017	2018	2019	2020	2021
CO_2	17,465,901.8	21,283,512.3	15,108,808.7	18,150,952.9	15,029,281.5	5,108,554.0	2,024,253.5	2,010,188.1
CO	1900.9	2316.4	1644.4	1975.5	1635.7	556.0	220.3	218.8
SO_2	418,968.7	510,544.8	362,427.2	435,401.6	360,519.5	122,543.0	48,557.4	48,220.0
NH_3	6539.3	7968.6	5656.8	6795.7	5626.9	1912.6	757.9	752.6
NO_X	83,641.7	101,923.7	72,353.9	86,922.3	71,973.0	24,464.1	9693.9	9626.5

1 Einleitung

Reduzierung von Treibhausgasen und im Kampf gegen den Klimawandel zu erreichen. Diese Politik zeigt einen wichtigen Schub für Energiespeichersysteme als Garant für die Stabilisierung des nationalen Stromsystems.

Auf politischer Ebene wird das Stromsystem weiterhin durch das Gesetz 24/2013 vom 26. Dezember über den Elektrizitätssektor [17] geregelt, das das vorherige Gesetz über den Elektrizitätssektor, das Gesetz 54/1997, ergänzt.

Auf nationaler normativer Ebene gibt es Gesetze, königliche Dekret-Gesetze, königliche Dekrete, Anordnungen, Beschlüsse, Rundschreiben und andere. Eine Zusammenfassung der Vorschriften, die die SMES-Speichersysteme im Besonderen und den Rest im Allgemeinen innerhalb des spanischen Elektrizitätssystems betreffen können, ergibt Tab. 1.3.

Neben den bereits in den diesbezüglichen Studien erwähnten [3] gibt es andere, die sich auf wirtschaftliche Entschädigungssysteme und technische Regulierung der Systeme beziehen. Andererseits gibt es auch Vorschriften, die die Forschung und Entwicklung von Technologien fördern, um die Energieeffizienz von Versorgungsnetzen zu verbessern.

Dies bedeutet nicht nur, dass auf zentraler Ebene Investitionen getätigt und Verpflichtungen für erneuerbare Erzeugungs- und Speichersysteme und -elemente eingegangen werden, sondern auch, dass Versorgungsnetze tendenziell unter Berücksichtigung von Energiespeichersystemen weiterentwickelt werden.

Andererseits muss berücksichtigt werden, dass der erste regulatorische Schritt, der Spanien zur Verfügung steht, die Europäische Kommission ist. Alle Vorschriften, die im Europäischen Parlament entwickelt werden, müssen auf nationaler und regionaler Ebene in jedem Mitgliedsland umgesetzt werden.

Unter Berücksichtigung der wichtigsten in den letzten Jahren entwickelten europäischen Richtlinien und der in Bezug auf das Untersuchungsobjekt getroffenen Vorschriften wären da:

- Richtlinie 2009/125/EG: Legt die grundlegenden Ökodesign-Anforderungen in Bezug auf Energiesysteme fest.
- Richtlinie (EU) 2018/2001: Durch die sie die Integration von Energie aus erneuerbaren Quellen in das Übertragungs- und Verteilnetz unterstützt und die Nutzung von Energiespeichersystemen für die integrierte variable Energieproduktion fördert.
- Richtlinie (EU) 2019/944: Fordert die Mitgliedstaaten auf, den notwendigen rechtlichen Rahmen zu schaffen, um die Nutzung von Flexibilität in Verteilnetzen zu fördern.
- Verordnung (EU) 2019/941: Durch die sie Regeln für die Zusammenarbeit zwischen den Mitgliedstaaten festlegt, um Stromkrisen zu verhindern, sich auf sie vorzubereiten und sie in einem wettbewerbsfähigen internen Strommarkt zu bewältigen.

Andererseits deckte das Programm Horizont 2020 den Zeitraum 2014–2020 ab und war das Hauptinstrument der Union zur Förderung der Energie-Forschung. Es wurden Mittel in Höhe von bis zu 5900 Millionen Euro bereitgestellt, um saubere, sichere und effiziente Energie und nachhaltige Entwicklung zu erzielen.

Tab 1.3 Liste der spanischen Vorschriften

Regel	Datum	Geltungsbereich
Gesetz 24/2013 [17]	26. Dezember 2013	Reguliert den Elektrizitätssektor
Gesetz 7/2021 [18]	20. Mai 2021	Klimawandel und Energiewende
Königliches Dekret 148/2021 [19]	9. März 2021	Legt die Berechnungsmethode für die Stromsystemgebühren fest
Königliches Dekret 184/2022 [20]	8. März 2022	Reguliert die Bereitstellung von Energieaufladediensten für Elektrofahrzeuge
Königliches Dekret 244/2019 [21]	5. April 2019	Reguliert die administrativen, technischen und wirtschaftlichen Bedingungen des Eigenverbrauchs von elektrischer Energie
Königliches Dekret 568/2022 [22]	11. Juli 2022	Legt den allgemeinen Rahmen des regulatorischen Testbenchs zur Förderung von Forschung und Innovation im Elektrizitätssektor fest
Königliches Dekret 900/2015 [23]	9. Oktober 2015	Reguliert die administrativen, technischen und wirtschaftlichen Bedingungen der Versorgungsmodalitäten von elektrischer Energie mit Eigenverbrauch und Produktion mit Eigenverbrauch
Königliches Dekret 960/2020 [24]	3. November 2020	Reguliert das wirtschaftliche Regime der erneuerbaren Energien für Anlagen zur Erzeugung von elektrischer Energie
Königliches Dekret 1183/2020 [25]	29. Dezember 2020	Zugang und Anschluss an Stromübertragungs- und -verteilnetze
Königliches Dekret 1955/2000 [26]	1. Dezember 2000	Reguliert die Aktivitäten von Transport, Verteilung, Vermarktung, Versorgung und Genehmigungsverfahren von elektrischen Energieanlagen
Königliches Dekret-Gesetz 15/2018 [27]	5. Oktober 2018	Dringende Maßnahmen für den Energiewandel und den Verbraucherschutz
Königliches Dekret-Gesetz 23/2020 [28]	23. Juni 2020	Die im Bereich Energie und in anderen Bereichen zur wirtschaftlichen Wiederbelebung Maßnahmen genehmigen
Anordnung TED/1161/2020 [29]	4. Dezember 2020	Durch die der erste Auktionsmechanismus für die Gewährung des wirtschaftlichen Regimes für erneuerbare Energien geregelt und der indikative Kalender für den Zeitraum 2020–2025 festgelegt wird
Rundschreiben 1/2021 [30]	20. Januar 2021	Der Nationalen Kommission für Märkte und Wettbewerb, die die Methodik und Bedingungen für den Zugang und die Verbindung zu den Übertragungs- und Verteilnetzen von Stromerzeugungsanlagen festlegt
Rundschreiben 2/2019 [31]	12. November 2019	Der Nationalen Kommission für Märkte und Wettbewerb, die die Methodik zur Berechnung der finanziellen Vergütungsrate für die Tätigkeiten der Stromübertragung und -verteilung sowie der Regasifizierung, des Transports und der Verteilung von Erdgas festlegt
Rundschreiben 3/2020 [32]	15. Januar 2020	Der Nationalen Kommission für Märkte und Wettbewerb, die die Methodik zur Berechnung der Gebühren für die Stromübertragung und -verteilung festlegt

(Fortsetzung)

Tab 1.3 (Fortsetzung)

Regel	Datum	Geltungsbereich
Rundschreiben 4/2019 [33]	27. November 2019	Der Nationalen Kommission für Märkte und Wettbewerb, die die Vergütungsmethodik für den Betreiber des Stromsystems festlegt
Rundschreiben 6/2019 [34]	5. Dezember 2019	Der Nationalen Kommission für Märkte und Wettbewerb, die die Methodik zur Berechnung der Vergütung für die Tätigkeit der Stromverteilung festlegt

Das neue Rahmenprogramm, Horizont Europa [35], wird zwischen 2021 und 2027 mit einem Budget von 95,5 Milliarden Euro durchgeführt, einschließlich des Programms *NextGenerationEU*.

Neben Europa setzen auch die Vereinigten Staaten Gesetze in Kraft, die eine erhebliche Unterstützung für die Energieerzeugung und -speicherung sowie die Forschung in Technologien bieten, die bei Energieversorgungsproblemen helfen können. Im kürzlich verabschiedeten Regulations Act von 2022 [36] sind zusätzliche Steuergutschriften in Höhe von 30 % für qualifizierte fortschrittliche Energieprojekte vorgesehen, und zwar für Investitionen in Projekte, die bestimmte Energieproduktionsanlagen für die Produktion oder das Recycling von eigenen erneuerbaren Energien, Speichersystemen und Energiekomponenten umrüsten, erweitern oder errichten. Anderseits zielt das Gesetz unter anderem darauf ab, die dezentrale Erzeugung und Speicherung in ländlichen Gebieten des Landes zu fördern.

Neben diesem gesamten regulatorischen Rahmen muss das Standardisierungsmodell für den Herstellungsprozess und die Entwicklung von Speichersystemen berücksichtigt werden, speziell für dieses Speichersystem. Ohne ins Detail zu gehen, ist eine Liste der UNE-Standards, die diese Speichersysteme betreffen, in Abschnitt 2.1, Tab. 2.16 der Studie [3] verfügbar.

Unter Berücksichtigung der gesetzlichen und wirtschaftlichen Bedürfnisse müssen die technischen Möglichkeiten dieser Art von Speichersystemen in den Netzen der Zukunft analysiert werden, insbesondere im neuen Konzept der Smart Cities. Dieser Begriff schließt sich dem Begriff der dezentralen Erzeugung, oder DG für sein Akronym in Englisch, an. Es ist wesentlich, zu simulieren, wie deren Einsatz das elektrische System beeinflussen kann, und die Reaktionszeit sowie die technischen Vor- und Nachteile, die es bieten kann, zu sehen, um die Möglichkeit einer angemessenen Implementierung von Systemen mit hoher Leistungsdichte, wie diesem, zur Unterstützung anderer Speichersysteme zu erkennen.

Dafür müssen die Energie- und Kommunikationsnetze einer Smart City und die Möglichkeiten, die sie bieten kann, untersucht werden. Das Wissen über das Kommunikations-, Überwachungs-, Messsystem und die Beziehung zu den anderen Blöcken, die ein Standard-Smart-City-Modell bilden, ist wesentlich, um die Möglichkeiten der Implementierung und Einbeziehung eines Speichersystems dieser Art sehen zu können.

Dieses zukünftige und gleichzeitig gegenwärtige Szenario, sowohl global als auch national, tendiert dazu, urbaner zu werden, das heißt, die Bevölkerung lebt in einem zunehmenden Prozentsatz in Städten. Die Entwicklung der städtischen Bevölkerung in Spanien seit 1960 kann in Abb. 1.5 gesehen werden, wo man sehen kann, dass im Jahr 2021 der Prozentsatz der städtischen Bevölkerung in Spanien mehr als 80 % beträgt, mit einer steigenden Tendenz [37].

Andererseits haben heute 78 % der spanischen Gemeinden weniger als 5000 Einwohner und 9,4 % der Bevölkerung leben dort, laut dem Ministerium für Landwirtschaft, Fischerei und Ernährung [38]. In diesem Sinne kann diese Situation Möglichkeiten und Herausforderungen für das genannte elektrische System bieten.

In diesem Sinne wird ein dezentraleres, multidirektionaleres und komplexeres Modell vorausgesehen, bei dem Eigenverbrauch, Bürgerbeteiligung und verteilte Energiequellen, wie Speicher, dezentrale Erzeugung oder Nachfragemanagement, Schlüsselfaktoren sein werden [22].

Die dezentrale Erzeugung basiert auf der Erzeugung von elektrischer Energie durch viele kleine Erzeugungsquellen, die in der Nähe des Verbrauchers installiert und mit dem elektrischen Energieverteilnetz verbunden sind. Durch die dezentrale Erzeugung werden Verluste im Netz reduziert und das Übertragungsnetz entlastet. Das Vorhandensein von kleinen, weit verteilten Erzeugungsquellen kann eine Verbesserung der Zuverlässigkeit, Qualität und Sicherheit des elektrischen Systems bieten.

Die dezentrale Erzeugung ist mit der Erzeugung und Entwicklung bei der Implementierung von erneuerbaren Energien, neuen Speichersystemen und fortschrittlichen Automatisierungs- und Steuerungssystemen verbunden, was die CO_2-Emissionen reduziert und sich als grundlegender Teil der neuen intelligenten Netze, auch Smart Grids genannt, etabliert.

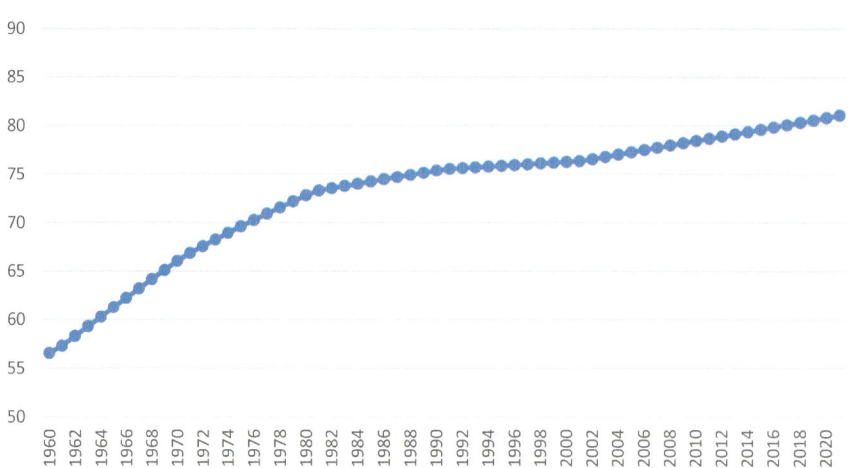

Abb. 1.5 Entwicklung der städtischen Bevölkerung in Spanien (%) [37]

1 Einleitung

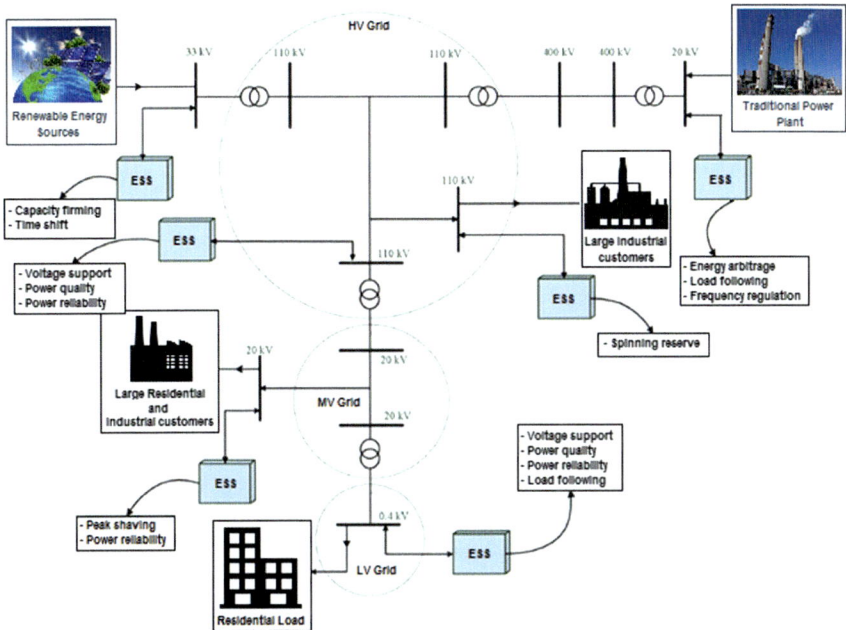

Abb. 1.6 Standort von Speichersystemen in einem intelligenten Netz [39]

Abb. 1.6 zeigt ein Diagramm mit den Standorten und den Vorteilen, die Speichersysteme in jedem Abschnitt des Netzes bieten können, in den sogenannten intelligenten Netzen.

Neue Arten von intelligenten Netzen, die eine größere Kontrolle, Effizienz und Zuverlässigkeit anstreben, gehen Hand in Hand mit intelligenten Städten. Das Konzept der Smart City, oder intelligenten Städte, gewinnt an Bedeutung in Bezug auf die Implementierung von Management-, Kontroll- und Effizienzmaßnahmen bei der Erzeugung, Verteilung und Versorgung von elektrischer Energie in zukünftigen Städten.

Im Konzept der Smart Cities gibt es 4 Hebel der Aktion, laut dem Dokument der Interplattform-Gruppe der Smart Cities, von seinem Akronym auf Spanisch, GICI [40]. Abb. 1.7 zeigt, welche dies sind:

- Regierung und soziale Dienste.
- Mobilität und Intermobilität.
- Infrastrukturen und Gebäude.
- Energie und Umwelt.

In diesem Dokument von 2015 zeigen die verwandten Projekte in der Gruppe Energie und Umwelt bereits die Bedeutung und Notwendigkeit, ein elektrisches Verteilsystem auf der Basis von Speicherelementen vorzuschlagen. In Smart Cities, sowie in Smart Grids selbst, muss das Generierungssystem, das Laden und

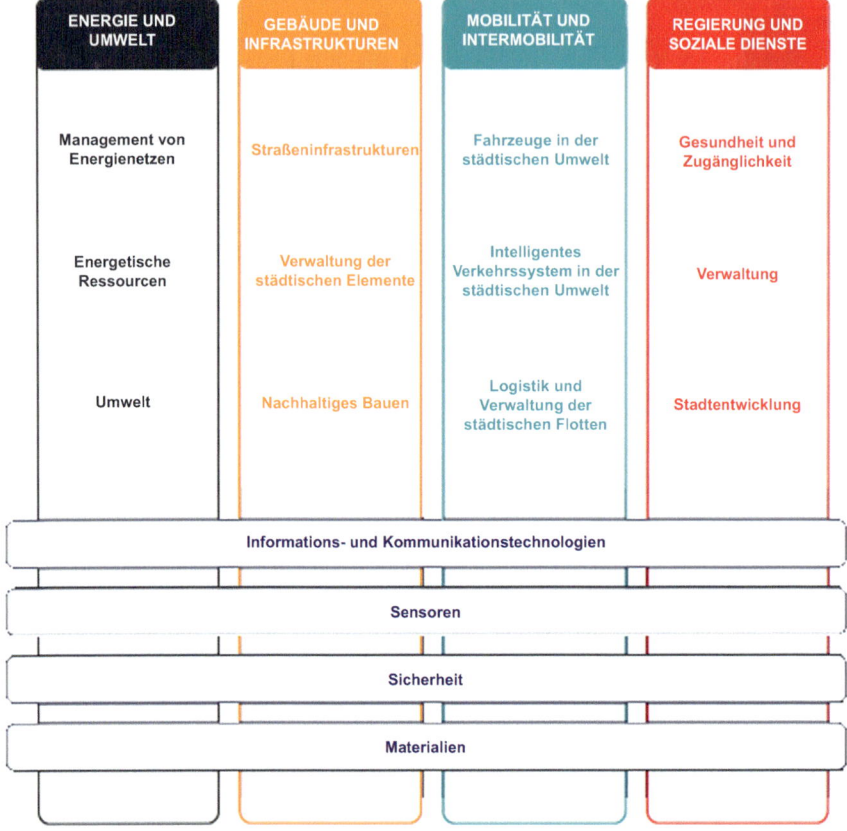

Abb. 1.7 Gruppen oder technologische Arbeitsbereiche der Smart City [40]

Entladen von Speichersystemen, der Speicherstatus und Hilfsprozesse mittels eines Steuerungssystems kontrolliert werden. Abb. 1.8 zeigt ein grundlegendes Schema eines netzgebundenen Speichersystems.

Diese Systeme müssen mit dem Rest der Elemente des Netzes vernetzt sein, wie in den Querelementen der Abb. 1.7 dargestellt, die als Informations- und Kommunikationstechnologien bezeichnet werden. Ein sehr grafisches Beispiel für dieses Kommunikationssystem kann im *Endesa*-Projekt zur Smart City von Malaga [42] gesehen werden. Darin kann man die gemischte Kommunikation Glasfaser-Topologie sehen, wo es einen Haupt-Ring gibt, der die Informationen aller Systeme zum Kontrollzentrum kommuniziert, wie in Abb. 1.9 gezeigt.

Darüber hinaus werden für die Ringredundanz und zur Bereitstellung von Netzkapillarität Verbindungen mit 2 Mbit/s und 64 kbit/s verwendet, abhängig von den vorhandenen Übertragungstechnologien. Für dieses Glasfasernetz wurde ein Gigabit-Ethernet-Ring gebaut, der die Integration aller Dienste auf sichere, flexible und effiziente Weise ermöglicht. Schließlich gibt es das Zugangsnetz, das aus Trans-

1 Einleitung

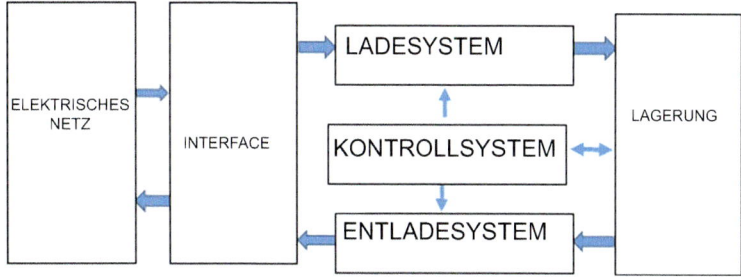

Abb. 1.8 Diagramm eines Speichersystems [41]

formationszentren besteht, die mit einer oder mehreren AT-Unterstationen kommunizieren.

In solch einem Dokument wird auch das elektrische Unterstützungssystem diskutiert, das Lithiumbatterien verwendet, $LiFeMgPO_4$, speziell mit einer Gesamtkapazität von 106 kWh im Mittelspannungsnetz und 24 kWh im Niederspannungsnetz. Es ist an diesem Punkt, wo hybride Speichersysteme mit Speicherelementen hoher Leistungsdichte eine großartige Arbeit leisten können.

Es ist auch wichtig zu wissen, welche Vorteile hybride Systeme mit verschiedenen Speicherelementen bieten können, das heißt, die Verwendung von Elementen mit hoher Leistungsdichte mit anderen mit hoher Energiedichte, zum Beispiel Batterien mit SMES. Die Verwendung dieser beiden Arten von Energiespeichern kann große Vorteile bieten, so dass sie endgültig in einer generischen Weise in aktuellen elektrischen Netzsystemen implementiert werden können.

Deshalb basieren die Hybridisierungsmöglichkeiten der Speicherelemente für Smart Cities oder Smart Grids grundsätzlich auf der Vereinigung von:

- Batterien, normalerweise Lithium-Ionen oder Metallhydrid, mit dem SMES-System [43, 44].
- Komprimierte Luftsysteme, CAES, mit dem SMES-System.
- Wasserstoffzellen oder Brennstoffzellen mit dem SMES-System [45].
- Pumpspeicher mit dem SMES-System.

In Bezug auf die Topologien der hybriden Systeme werden sie in drei Hauptoptionen zusammengefasst, aktive Parallelität, passive Parallelität und Kaskade. Diese Topologien können unterklassifiziert und in andere aufgebrochen werden, wie gezeigt [46]. Die drei Haupttopologien sind in Abb. 1.10 dargestellt.

Es gibt viele Studien, die hybride Batteriespeichersysteme analysieren, hauptsächlich mit Speicherelementen hoher Leistungsdichte, normalerweise mit Superkondensatoren/Supercaps [46–53].

Mit den möglichen Eigenschaften der verschiedenen vorhandenen Hybridisierungstopologien und abhängig von den verschiedenen Studien, kann eine Vergleichstabelle erstellt werden, die die Hauptvorteile und -nachteile zeigt, die sie im Vergleich zu den anderen aufweisen, Tab. 1.4.

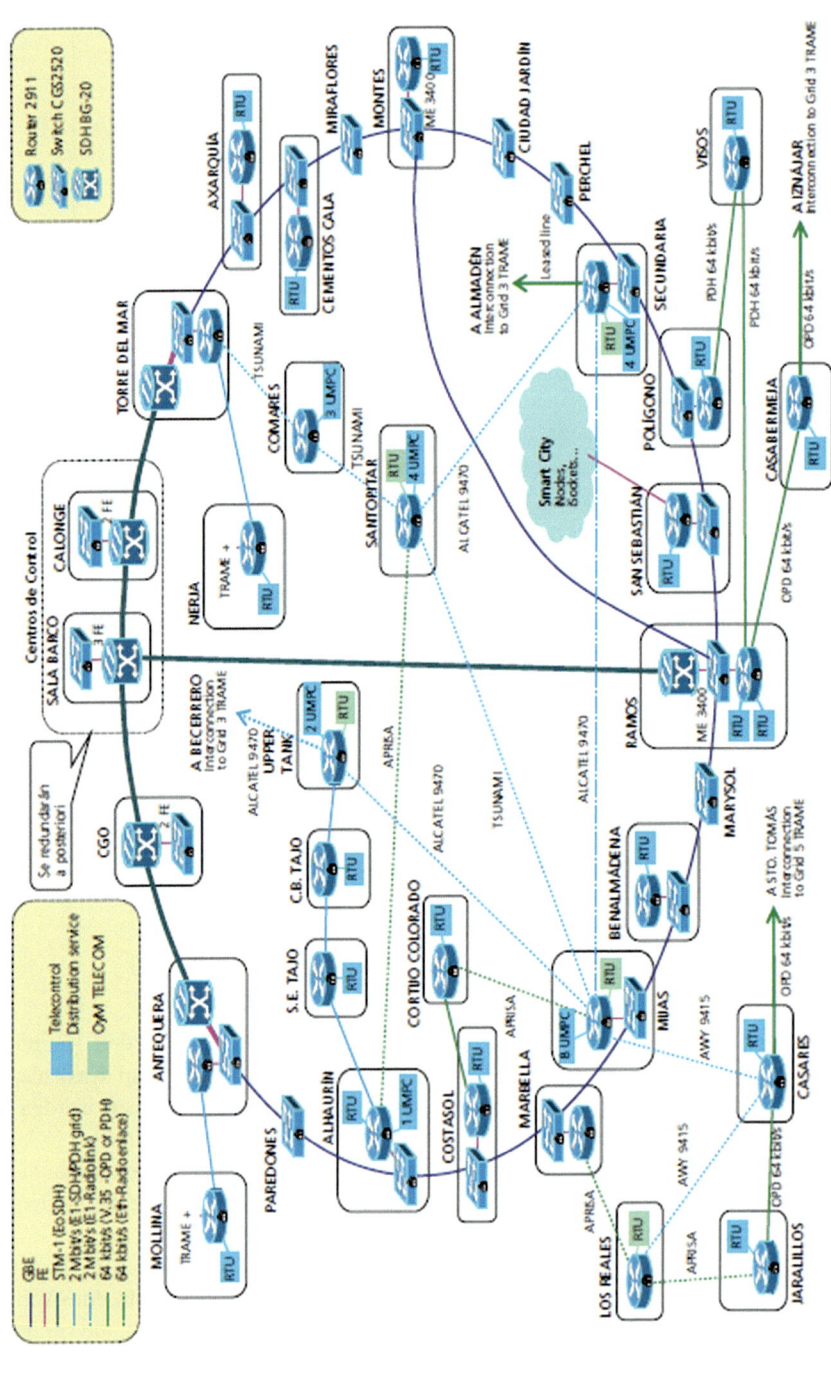

Abb. 1.9 Physisches Diagramm des in der Smart City Málaga eingesetzten Glasfasernetzes [42]

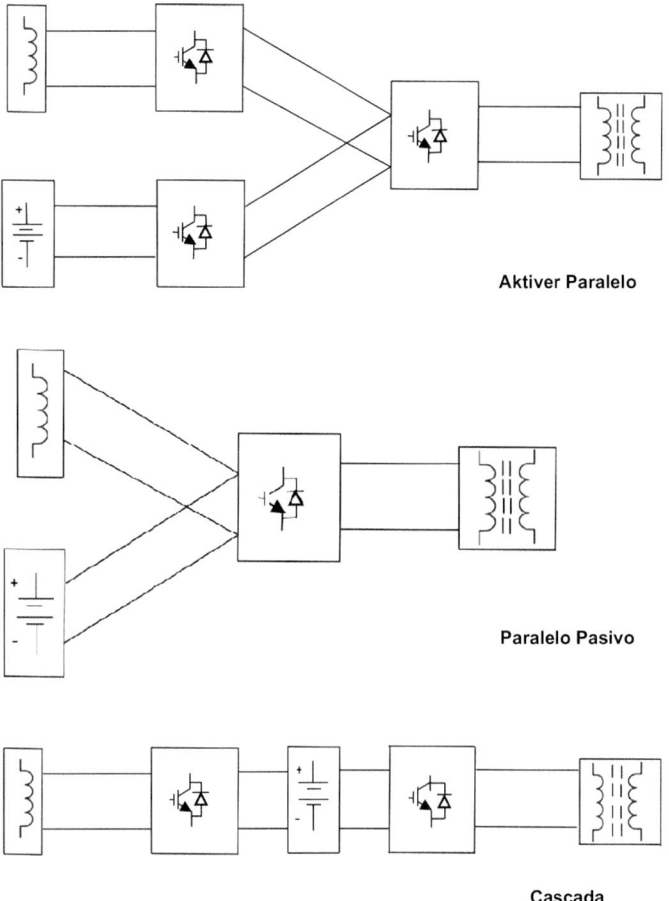

Abb. 1.10 Topologien von hybriden Speichersystemen

Einer der Schlüsselpunkte, die mit dem Konzept der Smart Grid oder Smart City verbunden sind, ist die Mobilität, wie oben gesehen: die Option, eine Flotte von Elektrofahrzeugen oder Plug-in-Hybriden zu haben, die sich beim Anschluss an das Netz wie ein Speichersystem verhalten können. Wenn das Netz Überschüsse erzeugt, ermöglicht es das Aufladen der Fahrzeugbatterien, aber zu bestimmten Zeiten kann es das elektrische System unterstützen, wenn es eine hohe Nachfrage gibt, die die Generatoren nicht liefern können. Dies ist bekannt als V2G, *Vehicle to Grid*.

In diesem Sinne ist es wichtig, den Trend in der Branche zu kennen und ob es machbar ist, ein gespeichertes Energiemanagementsystem mit einem SMES-Typ-Element durchzuführen. Dafür müssen die Vor- und Nachteile analysiert werden,

Tab 1.4 Eigenschaften von Hybrid-Speichersystem-Topologien [43, 44, 46–53]

	Aktiv parallel	Passiv parallel	Kaskadiert
Skalierbarkeit	Die Skalierbarkeit ist höher, da die Anzahl der Leistungsumwandlungsschritte zwischen jedem ESS und der Last immer zwei beträgt, und der Leistungsumwandlungsverlust nicht zunimmt, wenn die Heterogenität zunimmt	Begrenzung durch ein einziges Anpassungssystem	Die Skalierbarkeit in diesen Systemen ist auf den Betrieb beschränkt
Flexibilität	Es können verschiedene Energiekontroll- und Managementstrategien implementiert werden	Es gibt keine Flexibilität bei der Auswahl der Nennspannung des ESS	Mangel an Freiheit in der Kontrollpolitik
Betrieb	Jedes ESS kann mit seiner spezifischen Spannung betrieben werden, was eine Optimierung der spezifischen Leistung und der spezifischen Energie mit der besten verfügbaren Technologie ermöglicht	Einfachheit, aber die Verteilung des Stroms zwischen den ESS wird nicht gesteuert und wird nur durch Spannungsabhängige Faktoren bestimmt	Es bietet eine Entkopplung der ESS, die eine aktive Leistungsverwaltung durch zusätzliche Leistungsanpassung zwischen den ESS ermöglicht
Kosten	Teurer	Weniger teuer	Teuer
Andere	Die Stabilität wird ebenfalls verbessert, da ein Ausfall einer Quelle den Betrieb der anderen immer noch ermöglicht	Einfache Implementierung	Die kaskadierte Architektur ist in Bezug auf die Skalierbarkeit eingeschränkt, da sie mehr Umwandlungsverluste erleidet, wenn die Anzahl der Leistungsumwandlungsschritte zunimmt

ebenso wie die möglichen Hindernisse oder Anreize, sowohl wirtschaftliche als auch regulatorische.

Andererseits haben die von den verschiedenen Regierungen auferlegten Maßnahmen und Ziele dazu geführt, dass der Verkauf dieser Fahrzeuge, ob sie nun BEV, *Battery Electric Vehicle*, oder PHEV, *Plug-Hybrid Electric Vehicle*, sind, fast exponentiell gestiegen ist, mit Ausnahme einer leichten Stagnation während 2019 und 2020, die möglicherweise durch die globale Pandemie von COVID-19 verursacht wurde. Diese Daten sind in Abb. 1.11 besser zu sehen, mit den Daten, die von der IEA (*International Energy Agency*) [54] bereitgestellt wurden. In dieser Abbildung werden nur private Fahrzeuge gezeigt, ohne Berücksichtigung von Firmen- oder Transportfahrzeugen.

Mehrere Dinge fallen an dieser Abbildung auf. Das erste ist der signifikante Anstieg sowohl in China als auch in europäischen Ländern, nicht nur in der EU, in den letzten Jahren. Ein weiteres Merkmal, das hervorzuheben ist, ist, dass der

1 Einleitung

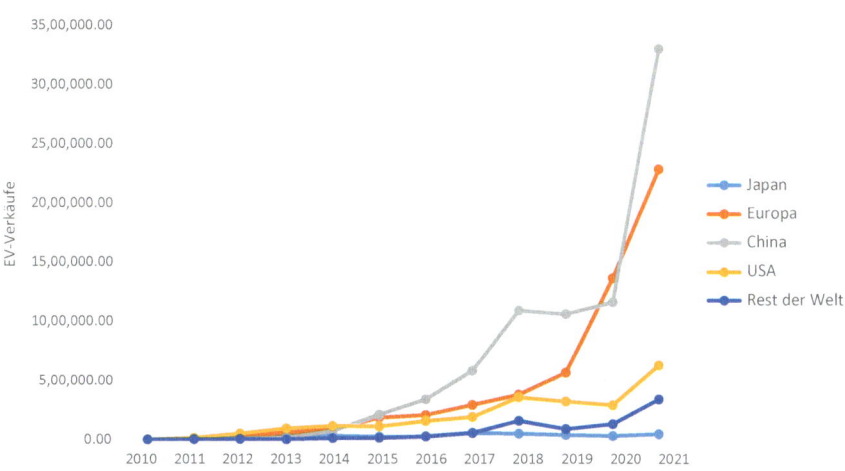

Abb. 1.11 Verkauf von Elektrofahrzeugen nach Region [54]

Anstieg im Rest der Welt verallgemeinert werden kann, mit einem Aufschwung im letzten Jahr. Schließlich ist es wichtig zu bedenken, dass der Verkauf von Elektrofahrzeugen in Japan stagniert, einem der führenden Länder in der Branche.

In Bezug auf die von Fahrzeugen in Spanien erzeugten THG, ohne andere Verkehrsmittel wie Bahn oder Flugzeug zu berücksichtigen, hat es laut dem Observatorium für Transport und Logistik in Spanien [55] einen Anstieg in Bezug auf CO_2, SO_2 und NO_X gegeben, Tab. 1.5.

Dies impliziert, dass die Notwendigkeit, das Transportmodell zu ändern, wesentlich ist, um den Klimawandel zu bekämpfen, und verschiedene Länder haben dies erkannt, indem sie sich verpflichtet haben, Elektrofahrzeuge zu fördern und die Treibhausgasemissionen zu reduzieren. Abgesehen von der Umweltauswirkung selbst, gibt es auch eine wirtschaftliche Auswirkung. Die wirtschaftlichen Vorteile, die die Nutzung des Elektrofahrzeugs, EV, verursachen kann, können monetarisiert werden, wenn man die Phasen des Prozesses von fossilen Brennstoffen, Extraktion, Verarbeitung, Transport und Verteilung und Lagerung berücksichtigt. Dazu sollten wir Steuern, Zölle, regulatorische Änderungen und andere Faktoren hinzufügen, die Unsicherheit in dieser Art von Energievektor verursachen [56]. Aufgrund der Komplexität und großen Variabilität dieser Faktoren ist es schwierig, eine erschöpfende Studie jedes Falles durchzuführen. Es gibt Studien, die Treibhausgase mit Krankheiten in Verbindung bringen, die

Tab 1.5 Tonnen von CO_2, SO_2 und NO_X produziert durch den Transport in Spanien [55]

	2013	2014	2015	2016	2017	2018	2019
CO_2	74,422.72	75,295.56	77,967.71	80,010.92	81,359.65	82,230.56	83,057.30
SO_2	3,15	3,21	3,34	3,43	3,52	3,60	3,59
NO_X	295.12	299.57	310.76	319.71	326.24	331.92	335.57

Gesundheitskosten und sogar millionenschwere Entschädigungen verursachen, je nach den Fällen [57]. Wenn es um die Monetarisierung geht, gibt es in der EU das Emissionshandelssysteme (ETS) [58], wo CO_2 pro Tonne Emission bepreist wird. Abb. 1.12 zeigt die Entwicklung ihres Preises in den letzten Jahren.

Wenn man sich die obige Abbildung ansieht, kann man feststellen, dass der Preis für CO_2-Emissionen in Europa in den letzten 5 Jahren um das Zehnfache gestiegen ist, ohne abwärts gerichteten Trend. Aus all diesen Gründen ist die Einführung des EV und seine Entwicklung notwendig. In diesem Sinne haben sich verschiedene Länder für Elektrofahrzeuge als Alternative zu Fahrzeugen mit Verbrennungsmotoren entschieden, mit der Idee, die Treibhausgase reduzieren zu können.

In diesem Sinne hat Spanien, als Mitgliedsland der Europäischen Union, und um mit der bisher durchgeführten Analyse fortzufahren, zwei Hauptziele gesetzt, das erste ist die Installation von 500.000 Elektrofahrzeug-Ladestationen bis 2030 und das zweite ist, mehr als 5 Millionen leichte Fahrzeuge, Busse und elektrische Zwei- und Dreiräder auf dem Markt bis 2030 zu haben [15].

In diesem Sinne wurden die PERTE (übersetzt: *Strategische Projekte für Wirtschaftliche Erholung und Transformation*) im Jahr 2021 geschaffen. Der

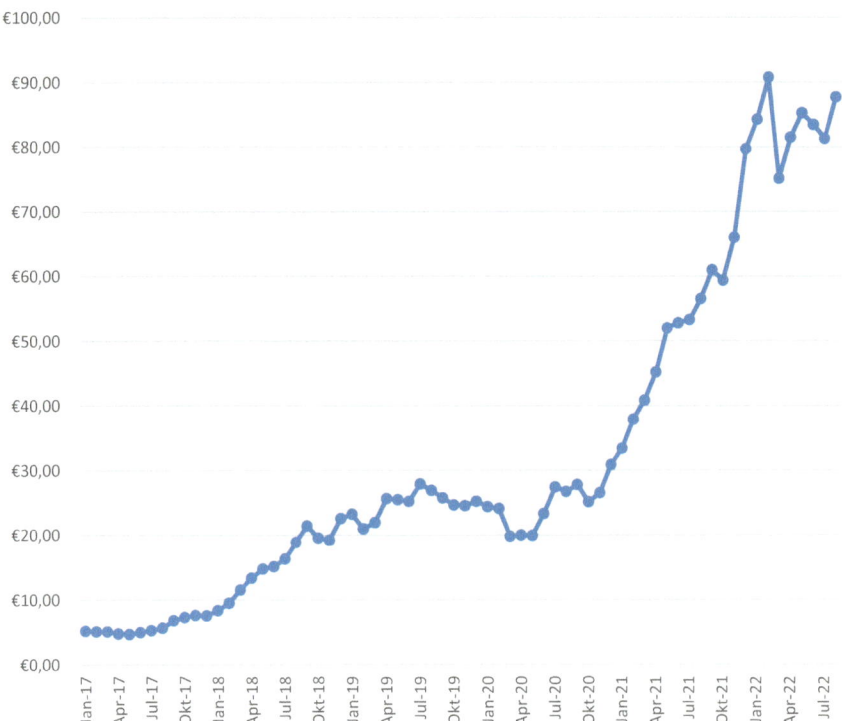

Abb. 1.12 Europäischer Preis von CO_2 [58]

1 Einleitung

Ministerrat hat am 13. Juli 2021 das erste Projekt daraus, das dem Elektro- und vernetzten Auto gewidmet ist, genehmigt. Es handelt sich um ein Projekt, das auf öffentlich-privater Zusammenarbeit basiert und darauf abzielt, die Wertschöpfungsketten der spanischen Automobilindustrie zu stärken.

Das Ziel der PERTE mit dem Elektroauto ist es, in Spanien das notwendige Szenario für die Entwicklung und Herstellung von Elektrofahrzeugen und solchen, die mit dem Netz verbunden sind, zu schaffen und Spanien zum Europäischen Hub für Elektromobilität zu machen. Die Entwicklung dieses Projekts sieht eine Gesamtinvestition von mehr als 24.000 Millionen Euro im Zeitraum 2021–2023 vor, mit einem Beitrag des öffentlichen Sektors von 4300 Millionen Euro und einer privaten Investition von 19.700 Millionen Euro.

Andererseits ist ein weiterer wichtiger Punkt die Kapillarität der Versorgungssysteme. Der Vorteil, den sie haben, ist die Möglichkeit, eine Versorgungsstation isoliert vom Netz zu schaffen, durch erneuerbare Erzeugung und mit Speicherelementen. Das Problem ist, dass – bis das Netz der Ladestationen an die Bedürfnisse der Bevölkerung angepasst ist – diese keine Anreiz hat, EVs zu kaufen. Dies sieht man bei der Installation von Ladestationen in den Vereinigten Staaten, laut dem Alternative Fuel Data Center, das zum Department of Energy gehört [59], aus Abb. 1.13.

Abb. 1.13 zeigt die Dichte der Ladestationen basierend auf ihrem Standort, ob in städtischen Gebieten, ländlichen Gebieten oder auf Interstate-Autobahnen. Eine hohe Dichte kann in dicht besiedelten Gebieten beobachtet werden, konsequent,

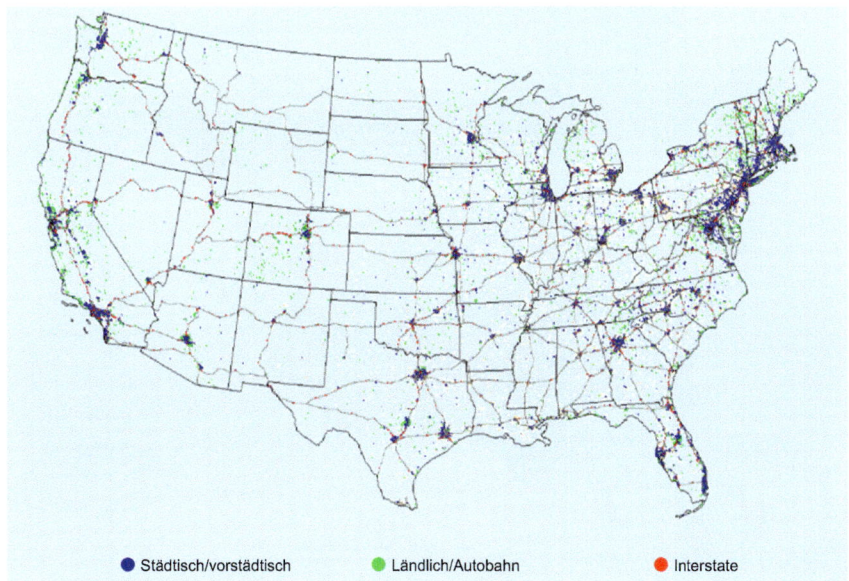

Abb. 1.13 EV-Ladestationen in den USA [54, 59]

aber der Mangel an Kapillarität in anderen Gebieten könnte es unmöglich machen, dass EV in ländliche Gebiete vordringen.

In diesem Szenario besteht die Möglichkeit, das SMES-Energiespeichersystem für EVs einzuführen. Diese Geräte zeigen einen hohen Grad an Effizienz in Prozessen mit hoher Nachfrage und können EV-Batterien ergänzen. Die mögliche Hybridisierung des Energiespeichersystems könnte dazu beitragen, die Leistung des EV und seine Lebensdauer zu erhöhen.

Im Gegenzug stellt man fest, dass dieses System ein Kühlsystem sowie eine erhebliche Größe für seine Installation benötigt. Die Kosten, die mit der Entwicklung eines Systems dieser Art in einem Nutzfahrzeug verbunden sind, stellen ebenfalls ein Hindernis dar.

In diesem Sinne werden Studien und Investitionen durchgeführt, um Herstellungsprozesse zu verbessern und Kosten zu senken [4, 7, 50, 60–71]. Andererseits besteht auch die Möglichkeit, das Hybridisierungssystem mit Brennstoffzellen oder Wasserstoffzellen zusammen mit einem SMES-System durchzuführen. Diese Modelle werden LIQHYSMES genannt, und es könnte in dem Modell verwendet werden, dass der Wasserstoff aus dem Brennstoff zur Kühlung der Spule des SMES-Systems verwendet wird [43, 72–75].

Zusätzlich zu allem, was zuvor über EVs erwähnt wurde, gibt es verschiedene Möglichkeiten und Projekte, bei denen das Speichersystem die Unterstützung des

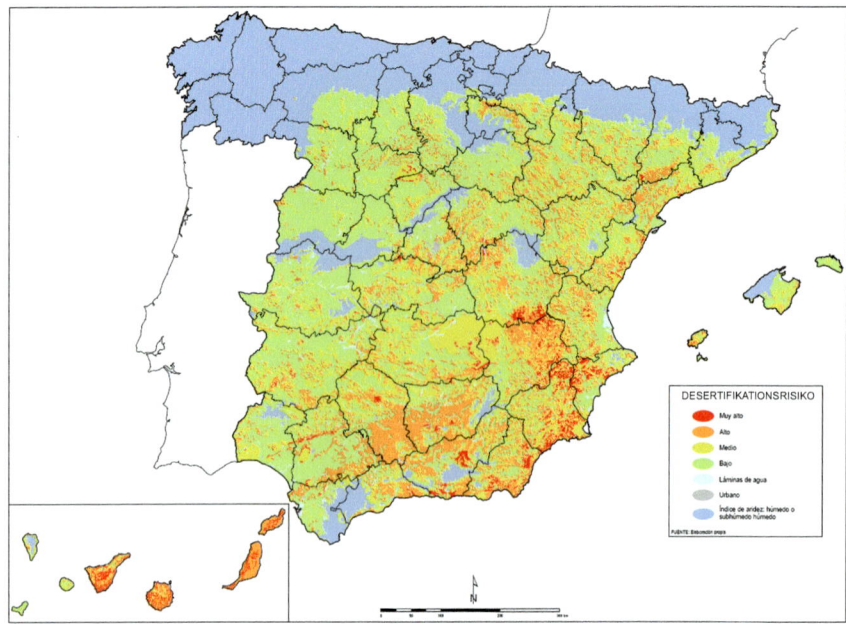

Abb. 1.14 Desertifikationskarte in Spanien, im Jahr 2008 [78]

elektrischen Netzes oder eines spezifischen Prozesses in einem Inselsystem ermöglicht.

In diesem Sinne wurden mehrere Patente entwickelt, in denen erneuerbare Energien, wie Windenergie, mit Speicherelementen, normalerweise Batteriesystemen oder Hydropumpsystemen, in Verbindung gebracht werden [76, 77].

Einer dieser Prozesse, bei denen Energieeffizienz und Ressourcennutzung angestrebt werden, sind die Entsalzungsprozesse von Meerwasser. Laut dem Nationalen Aktionsplan gegen Desertifikation des Umweltministeriums [78] sind mehr als 15 % der Oberfläche in Spanien einem mittleren, hohen oder sehr hohen Risiko der Desertifikation ausgesetzt, wie in Abb. 1.14 gezeigt. Dies ist auf die jahrelange Landnutzung und den Mangel oder die relative Knappheit von Wasserressourcen in großen Teilen der Halbinsel zurückzuführen.

In diesem Sinne haben die Untersuchungen zur Verbesserung der Entsalzungsprozesse zur Gewinnung von Süßwasser aus dem Meer zugenommen, wie die Patente zeigen [79–82]. Diese Patente suchen die Verbindung von erneuerbarer Energie mit dem Entsalzungsprozess, um den Kohlenstoff-Fußabdruck der aktuellen Meerwasserentsalzungsanlagen zu reduzieren.

Literatur

1. Wang Z, Han W (2021) Recent developments on rare-earth hexaboride nanowires. Sustainability 13:13970. https://doi.org/10.3390/su132413970
2. Van Stephenson G (2021) Dual winding superconducting magnetic energy storage. US 10,957,473 B2, 2021
3. Colmenar-Santos A, Molina-Ibáñez E-L, Rosales-Asensio E, Blanes-Peiró J-J (2018) Legislative and economic aspects for the inclusion of energy reserve by a superconducting magnetic energy storage: Application to the case of the Spanish electrical system. Renew Sustain Energy Rev 82:2455–2470. https://doi.org/10.1016/j.rser.2017.09.012
4. Yang B, Zhu T, Zhang X, Wang J, Shu H, Li S et al (2020) Design and implementation of battery/SMES hybrid energy storage systems used in electric vehicles: a nonlinear robust fractional-order control approach. Energy 191:116510. https://doi.org/10.1016/j.energy.2019.116510
5. Koohi-Fayegh S, Rosen MA (2020) A review of energy storage types, applications and recent developments. J Energy Storage 27:101047. https://doi.org/10.1016/j.est.2019.101047
6. Kumar A, Jeyan JVML, Agarwal A (2020) Electromagnetic analysis on 2.5MJ high temperature superconducting magnetic energy storage (SMES) coil to be used in Uninterruptible power applications. Mater Today Proc 21:1755–62. https://doi.org/10.1016/j.matpr.2020.01.228
7. AL Shaqsi AZ, Sopian K, Al-Hinai A (2020) Review of energy storage services, applications, limitations, and benefits. Energy Rep S2352484720312464. https://doi.org/10.1016/j.egyr.2020.07.028
8. Huang Y, Ru Y, Shen Y, Zeng Z (2021) Characteristics and applications of superconducting magnetic energy storage. J Phys Conf Ser 2108:012038. https://doi.org/10.1088/1742-6596/2108/1/012038
9. Granados X (2019) Superconducting magnetic energy storage. Brussels
10. REE (2021) Red Eléctrica de España 2021

11. Marrero Marrero M, Petersson Roldán M, Gutiérrez Loza V, Arozarena Fundora R (2012) Measuring the health costs attributable to changes in the environmental quality. Méd Electrón 6:9
12. Vargas MF (2005) La contaminación ambiental como factor determinante de la salud. Rev Esp Salud Pública 79:117–127. https://doi.org/10.1590/S1135-57272005000200001
13. Ministerio de Sanidad (2021) Plan Estrategico de salud y medio ambiente
14. Grupo Red Eléctrica (2021) Informe de Sostenibilidad
15. Ministerio para la Transición Ecológica y el reto Demográfico (2020) Estudio Ambiental Estratégico Plan Nacional Integrado de Energía y Clima 2021–2030, S 414
16. el carbón en España 2008, S 192
17. Jefatura del Estado (2013) Ley 24/2013, de 26 de diciembre, del Sector Eléctrico, S 108
18. Jefatura del Estado (2021) Ley 7/2021, de 20 de mayo, de cambio climático y transición energética, p 46
19. Ministerio para la Transición Ecológica y el Reto Demográfico (2021) Real Decreto 148/2021, de 9 de marzo, por el que se establece la metodología de cálculo de los cargos del sistema eléctrico, S 21
20. Ministerio para la Transición Ecológica y el Reto Demográfico (2022) Real Decreto 184/2022, de 8 de marzo, por el que se regula la actividad de prestación de servicios de recarga energética de vehículos eléctricos, S 16
21. Ministerio para la Transición Ecológica (2019) Real Decreto 244/2019, de 5 de abril, por el que se regulan las condiciones administrativas, técnicas y económicas del autoconsumo de energía eléctrica, p 48
22. Ministerio para la Transición Ecológica y el Reto Demográfico (2022) Real Decreto 568/2022, de 11 de julio, por el que se establece el marco general del banco de pruebas regulatorio para el fomento de la investigación y la innovación en el sector eléctrico, S 21
23. Ministerio de Industria, Energía y Turismo (2015) Real Decreto 900/2015, de 9 de octubre, por el que se regulan las condiciones administrativas, técnicas y económicas de las modalidades de suministro de energía eléctrica con autoconsumo y de producción con autoconsumo, S 31
24. Ministerio para la Transición Ecológica y el Reto Demográfico (2020) Real Decreto 960/2020, de 3 de noviembre, por el que se regula el régimen económico de energías renovables para instalaciones de producción de energía eléctrica, S 31
25. Ministerio para la Transición Ecológica y el Reto Demográfico (2020) Real Decreto 1183/2020, de 29 de diciembre, de acceso y conexión a las redes de transporte y distribución de energía eléctrica, S 42
26. Ministerio de Economía (2000) Real Decreto 1955/2000, de 1 de diciembre, por el que se regulan las actividades de transporte, distribución, comercialización, suministro y procedimientos de autorización de instalaciones de energía eléctrica, S 91
27. Jefatura del Estado (2018) Real Decreto-ley 15/2018, de 5 de octubre, de medidas urgentes para la transición energética y la protección de los consumidores, S 40
28. Jefatura del Estado (2020) Real Decreto-ley 23/2020, de 23 de junio, por el que se aprueban medidas en materia de energía y en otros ámbitos para la reactivación económica, S 49
29. Ministerio para la Transición Ecológica y el Reto Demográfico (2020) Orden TED/1161/2020, de 4 de diciembre, por la que se regula el primer mecanismo de subasta para el otorgamiento del régimen económico de energías renovables y se establece el calendario indicativo para el periodo 2020–2025, p 24
30. Comisión Nacional de los Mercados y la Competencia (2021) Circular 1/2021, de 20 de enero, de la Comisión Nacional de los Mercados y la Competencia, por la que se establece la metodología y condiciones del acceso y de la conexión a las redes de transporte y distribución de las instalaciones de producción de energía eléctrica. BOE, S 15
31. Comisión Nacional de los Mercados y la Competencia (2019) Circular 2/2019, de 12 de noviembre, de la Comisión Nacional de los Mercados y la Competencia, por la que se establece la metodología de cálculo de la tasa de retribución financiera de las actividades de

transporte y distribución de energía cléctrica, y regasificación, transporte y distribución de gas natural. BOE, S 10
32. Comisión Nacional de los Mercados y la Competencia (2020) Circular 3/2020, de 15 de enero, de la Comisión Nacional de los Mercados y la Competencia, por la que se establece la metodología para el cálculo de los peajes de transporte y distribución de electricidad, S 27
33. Comisión Nacional de los Mercados y la Competencia (2019) Circular 4/2019, de 27 de noviembre, de la Comisión Nacional de los Mercados y la Competencia, por la que se establece la metodología de retribución del operador del sistema eléctrico, S 10
34. Comisión Nacional de los Mercados y la Competencia (2019) Circular 6/2019, de 5 de diciembre, de la Comisión Nacional de los Mercados y la Competencia, por la que se establece la metodología para el cálculo de la retribución de la actividad de distribución de energía eléctrica, S 42
35. Comisión Europea (2017) Horizonte Europa
36. Senate and House of Representatives of the United States of America (2022) Act of 2022 HR5376
37. Banco Mundial (2022) Porcentaje de población urbana en España—Evolución. https://datos.bancomundial.org/indicator/SP.URB.TOTL.IN.ZS?end=2021&locations=ES&start=1960&view=chart. Accessed 21 Aug 2022
38. Ministerio de Agricultura, pesca y alimentación (2021) Demografía de la Población rural en 2020
39. Palizban O, Kauhaniemi K (2016) Energy storage systems in modern grids—matrix of technologies and applications. J Energy Storage 6:248–259. https://doi.org/10.1016/j.est.2016.02.001
40. Grupo Interplataformas de Ciudades Inteligentes (2015) Smart cities: documento de visión A 2030. CIRCE
41. Akinyele DO, Rayudu RK (2014) Review of energy storage technologies for sustainable power networks. Sustain Energy Technol Assess 8:74–91. https://doi.org/10.1016/j.seta.2014.07.004
42. ENDESA (2014) Smartcity Malaga: a model of sustainable energy management for cities of the future
43. Hemmati R, Saboori H (2016) Emergence of hybrid energy storage systems in renewable energy and transport applications—a review. Renew Sustain Energy Rev 65:11–23. https://doi.org/10.1016/j.rser.2016.06.029
44. Li J, Gee AM, Zhang M, Yuan W (2015) Analysis of battery lifetime extension in a SMES-battery hybrid energy storage system using a novel battery lifetime model. Energy 86:175–185. https://doi.org/10.1016/j.energy.2015.03.132
45. Louie H, Strunz K (2007) Superconducting magnetic energy storage (SMES) for energy cache control in modular distributed hydrogen-electric energy systems. IEEE Trans Appl Supercond 17:2361–2364. https://doi.org/10.1109/TASC.2007.898490
46. Caldas FJD (n.d.) Facultad de ingeniería eléctrica, S 85
47. Sáenz K de JB (2014) Diseño de una smart grid para un sistema híbrido de energía. Prospectiva 11:94. https://doi.org/10.15665/rp.v11i2.44
48. Parwal A, Fregelius M, Temiz I, Göteman M, de Oliveira JG, Boström C et al (2018) Energy management for a grid-connected wave energy park through a hybrid energy storage system. Appl Energy 231:399–411. https://doi.org/10.1016/j.apenergy.2018.09.146
49. Li J, He H, Wei Z, Zhang X (2021) Hierarchical sizing and power distribution strategy for hybrid energy storage system. Automot Innov 4:440–447. https://doi.org/10.1007/s42154-021-00164-y
50. Lencwe MJ, Chowdhury SPD, Olwal TO (2022) Hybrid energy storage system topology approaches for use in transport vehicles: a review. Energy Sci Eng 10:1449–1477. https://doi.org/10.1002/ese3.1068

51. Darvish Falehi A, Torkaman H (2021) Robust fractional-order super-twisting sliding mode control to accurately regulate lithium-battery/super-capacitor hybrid energy storage system. Int J Energy Res 45:18590–18612. https://doi.org/10.1002/er.7045
52. Aktas A, Erhan K, Özdemir S, Özdemir E (2018) Dynamic energy management for photovoltaic power system including hybrid energy storage in smart grid applications. Energy 162:72–82. https://doi.org/10.1016/j.energy.2018.08.016
53. González-Rivera E, Sarrias-Mena R, García-Triviño P, Fernández-Ramírez LM (2020) Predictive energy management for a wind turbine with hybrid energy storage system. Int J Energy Res 44:2316–2331. https://doi.org/10.1002/er.5082
54. Global Electric Vehicle Outlook 2022, S 221
55. Observatory of Transport and Logistics in Spain, Ministry of Transport, mobility and urban agenda (2022) Energy consumption in transport by mode, type of fuel and type of traffic (national and international)
56. European Commission (2015) Joint research centre. Institute for Energy and Transport, ACEA. A smart grid for the city of Rome: a cost benefit analysis. Publications Office, LU
57. Jefatura del Estado (2007) LEY 26/2007, de Responsabilidad Medioambiental
58. European CO_2 Trading System (2021) SENDECO2
59. AFDC (2021) Alternative Fuels Data Center
60. Li J, Xiong R, Yang Q, Liang F, Zhang M, Yuan W (2017) Design/test of a hybrid energy storage system for primary frequency control using a dynamic droop method in an isolated microgrid power system. Appl Energy 201:257–269. https://doi.org/10.1016/j.apenergy.2016.10.066
61. Bizon N (2018) Effective mitigation of the load pulses by controlling the battery/SMES hybrid energy storage system. Appl Energy 229:459–473. https://doi.org/10.1016/j.apenergy.2018.08.013
62. Bizon N (2019) Hybrid power sources (HPSs) for space applications: analysis of PEMFC/Battery/SMES HPS under unknown load containing pulses. Renew Sustain Energy Rev 105:14–37. https://doi.org/10.1016/j.rser.2019.01.044
63. Sun Q, Xing D, Yang Q, Zhang H, Patel J (2017) A new design of fuzzy logic control for SMES and battery hybrid storage system. Energy Proc 105:4575–4580. https://doi.org/10.1016/j.egypro.2017.03.983
64. Zheng C, Li W, Liang Q (2018) An energy management strategy of hybrid energy storage systems for electric vehicle applications. IEEE Trans Sustain Energy 9:9
65. Ruan J, Walker PD, Zhang N, Wu J (2017) An investigation of hybrid energy storage system in multi-speed electric vehicle. Energy 140:291–306. https://doi.org/10.1016/j.energy.2017.08.119
66. Itani K, De Bernardinis A, Khatir Z, Jammal A (2017) Comparative analysis of two hybrid energy storage systems used in a two front wheel driven electric vehicle during extreme start-up and regenerative braking operations. Energy Convers Manag 144:69–87. https://doi.org/10.1016/j.enconman.2017.04.036
67. Atmaja TD, Amin (2015) Energy storage system using battery and ultracapacitor on mobile charging station for electric vehicle. Energy Proc 68:429–37. https://doi.org/10.1016/j.egypro.2015.03.274
68. Sanfélix J, Messagie M, Omar N, Van Mierlo J, Hennige V (2015) Environmental performance of advanced hybrid energy storage systems for electric vehicle applications. Appl Energy 137:925–930. https://doi.org/10.1016/j.apenergy.2014.07.012
69. Gopal AR, Park WY, Witt M, Phadke A (2018) Hybrid- and battery-electric vehicles offer low-cost climate benefits in China. Transp Res Part Transp Environ 62:362–371. https://doi.org/10.1016/j.trd.2018.03.014
70. Song Z, Li J, Hou J, Hofmann H, Ouyang M, Du J (2018) The battery-supercapacitor hybrid energy storage system in electric vehicle applications: a case study. Energy 154:433–441. https://doi.org/10.1016/j.energy.2018.04.148

71. Colmenar Santos A, Rosales-Asensio E, Borge Díez D (eds) (2019) Technologies and applications for fuel cell, plug-in hybrid, and electric vehicles. Nova Science Publishers, Inc., New York
72. Shaukat N, Khan B, Ali SM, Mehmood CA, Khan J, Farid U et al (2018) A survey on electric vehicle transportation within smart grid system. Renew Sustain Energy Rev 81:1329–1349. https://doi.org/10.1016/j.rser.2017.05.092
73. Wang X, Yang J, Chen L, He J (2017) Application of liquid hydrogen with SMES for efficient use of renewable energy in the energy internet, S 21
74. Chatzivasileiadi A, Ampatzi E, Knight I (2013) Characteristics of electrical energy storage technologies and their applications in buildings. Renew Sustain Energy Rev 25:814–830. https://doi.org/10.1016/j.rser.2013.05.023
75. Mukherjee P, Rao VV (2019) Design and development of high temperature superconducting magnetic energy storage for power applications—a review. Phys C Super Appl 563:67–73. https://doi.org/10.1016/j.physc.2019.05.001
76. Garces LJ, Liu Y, Bose S (2007) System and method for integrating wind and hydroelectric generation and pumped hydro energy storage systems. EP 1 813 807 A2
77. Liu Y, Garces LJ (2008) Systems and methods for an integrated electrical sub-system powered by wind energy. US 2008/0001408 A1
78. Ministerio de medio ambiente y medio rural y marino (2008) Programa de Acción Nacional contra la Desertificación
79. Krokoszinski H-J, Farouk Said El-Barbari S (2007) Hybrid water desalination system and method of operation. US 2007/0235383A1
80. Kunczynski J (2006) Hybrid, reverse osmosis, water desalinization, apparatus and method with energy recuperation assembly. WO 2006/039534 A2
81. D'Amato FJ, Shah AM, Baldea M (2007) Desalination system powered by renewable energy source and methods related thereto. WO 2007/018702 A2
82. Sanford A, Hussain F, Bryson C (2019) System and method for transportation and desalization of a liquid. US 10,370,261 B2

Kapitel 2
Gesetzliche und wirtschaftliche Aspekte für die Einbeziehung von Energiereserven durch einen supraleitenden magnetischen Energiespeicher: Anwendung auf den Fall des spanischen Elektrizitätssystems

Abkürzungen

AENOR	Asociación Española de Normalización y Certificación (spanische Normungs- und Zertifizierungsgesellschaft).
AIT	Average Interruption Time (mittlere Unterbrechungszeit).
BSCCO	Bismuth Strontium Calcium Copper Oxide (Bismut-Strontium-Calcium-Kupferoxid).
CAES	Compressed Air Energy Storage (Druckluftspeicherkraftwerk).
CEN	Comité Européen de Normalisation (Europäisches Komitee für Normung).
CENELEC	Comité Européen de Normalisation Électrotechnique (Europäisches Komitee für elektrotechnische Normung).
CNC	Coal Not Consumed (nicht verbrauchte Kohle).
COPANT	Panamerican Commission on Technical Standards (Panamerikanische Normungskommission).
EDLC	Electric Double Layer Capacitor (Doppelschichtkondensator).
EN	Europäische Normen.
ENS	Energy not supplied (nicht gelieferte Energie).
ESS	Energie-Speichersystem.
EU	Europäische Union.
FES	Fly Energy Storage (Schwungradspeicherung).
FIT	Feed-in Tariff (Einspeisevergütung).
GDP	Gross Domestic Product (Bruttosozialprodukt).
GHG	Greenhouse Gases (Treibhausgase).
HTS	Hochtemperatursupraleiter.
ISO	International Organization for Standardization (Internationale Organisation für Normung).
LANL	Los Alamos National Laboratory.

© Der/die Autor(en), exklusiv lizenziert an Springer Nature Switzerland AG 2025
A. Colmenar-Santos et al., *Supraleitende magnetische Energiespeichersysteme (SMES) für dezentrale Versorgungsnetze*,
https://doi.org/10.1007/978-3-031-96053-6_2

LTS	Low Temperature Superconductor (Tieftemperatur-Supraleiter).
PHS	Pumped Hydro Storage (Pumpspeicherkraftwerk).
OP	Operating Procedure.
REE	Red Eléctrica de España (spanischer Netzbetreiber).
SMES	Supraleitende magnetische Energiespeicher.
UNE	Una Norma Española (Norm der spanischen Normungsorganisation AENOR).
UPS	Uninterruptible Power Supply (unterbrechungsfreie Stromversorgung).
YBCO	Yttrium Barium Copper Oxide (Yttrium-Barium-Kupferoxid).

2.1 Einführung

Die wachsende Sorge um die Umwelt und den Klimawandel in den letzten Jahren hat dazu geführt, dass immer mehr Stimmen das gegenwärtige Modell der Elektrizitätsversorgung in Frage stellen. Seit einigen Jahrzehnten wird die Nutzung von Energiequellen erneuerbaren Ursprungs [1], die den Einsatz von umweltschädlichen Quellen einschränken, gefördert. Darüber hinaus wird der Einsatz von Strategien, die einen rationaleren und effizienteren Verbrauch ermöglichen, wie zum Beispiel das Demand Management, gefördert.

Unter Berücksichtigung der Einbeziehung von Quellen erneuerbarer Energieerzeugung in das Stromsystem, bei dem die Energieerzeugung durch Windturbinen und Solarphotovoltaikmodule hervorsticht [2], ist der Einsatz von Elementen, die eine Energiespeicherung ermöglichen, notwendig. Dies ist auf die Erzeugung unregelmäßiger Leistung zurückzuführen, die weitgehend von den Wetterbedingungen abhängig ist.

Energiespeichersysteme (ESS) können durch verschiedene Metriken charakterisiert werden, die die Auswahl eines Geräts oder eines anderen erleichtern [3]. Die derzeit vermarkteten und/oder in Entwicklung befindlichen Geräte sind in vier große Gruppen unterteilt: Elektrochemie (verschiedene Arten von Batterien), mechanisch (FES, PHS, CAES), elektrisch (SMES, EDLC) und Wärme.

Etwa 95–98 % der gesamten, globalen Speicherung basieren auf PHS aufgrund der Einfachheit und Reife seiner Technologie. Trotzdem ist der Anteil der ESS im Vergleich zu PHS von weniger als 1 % im Jahr 2005 auf mehr als 1,5 % im Jahr 2010 und 2,5 % im Jahr 2015 gestiegen (eine Wachstumsrate von mehr als 10 %) [4, 5].

Diese Systeme sollten das ordnungsgemäße Funktionieren des Netzes unterstützen. Es ist notwendig zu bedenken, dass die Versorgung und die Qualität der Energie als Grundbedürfnis im Alltag eingestuft werden. Daher wurde der Stromverbrauch mit dem Entwicklungsstand einer Stadt, Region oder eines Landes in Verbindung gebracht und seine Entwicklung hat sich in seinem Bruttoinlandsprodukt (GDP) widergespiegelt. Abb. 2.1 zeigt die Veränderung der Energienachfrage in Spanien im Vergleich zur Entwicklung des GDP in den letzten Jahren.

2.1 Einführung

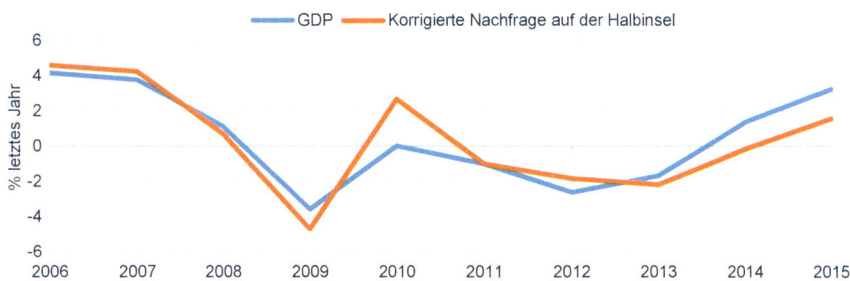

Abb. 2.1 Vergleich GDP versus Energiebedarf [6]

Unter Berücksichtigung der Eigenschaften jedes Energiespeichersystems gibt es viele Fälle der Verwendung von Elementen. Die Hauptanwendungen, die die ESS realisieren können, sind Anwendungen zur Lastverfolgung, Energiespeicherung, Notfallelemente, Systeme der unterbrechungsfreien Stromversorgung (UPS), verschiedene Ebenen der Spannungs- und Frequenzregelung und Schutzelemente [7, 8].

Das Hauptziel dieses Artikels ist die Analyse der Speicherung von magnetischer Energie durch das supraleitende magnetische Speichersystem (SMES-System). Diese Art von Systemen hat noch nicht die kommerzielle Reife für den allgemeinen Einsatz in einem Netz erreicht, wie berichtet [9], aufgrund verschiedener Aspekte. Diese Probleme können als Ergebnis von hohen Herstellungs-/Wartungskosten, technischen Schwierigkeiten bei der Anwendung in verschiedenen Umgebungen und dem Fehlen von normativer Unterstützung zusammengefasst werden.

Ein SMES-System ermöglicht die Speicherung von Energie in einem Magnetfeld, weil der dazu nötige Strom durch eine supraleitende Spule fließt, die unterhalb ihrer kritischen Temperatur abgekühlt wurde. Das System basiert auf der supraleitenden Spule, einem Kühlsystem, das die tiefe Temperatur bereitstellt, und einem elektrischen Steuerungssystem für die Anpassung der Ströme und die Optimierung des Prozesses.

Angesichts des breiten Spektrums an Forschungen zur Lösung der problematischen Technik für die Einbeziehung von SMES-Systemen in verschiedenen Konfigurationen konzentriert sich dieser Artikel auf zwei wichtige Aspekte zur Verbesserung ihrer Nutzung im Stromsystem, nämlich gesetzliche und regulatorische Aspekte und den wirtschaftlichen Aspekt.

Um eine korrekte Analyse dieser Art durchzuführen, muss der Status der Kapazität der Hauptmerkmale dieser Art von ESS berücksichtigt werden, wie in Tab. 2.1 zusammengefasst. Die Eigenschaften dieser Systeme können je nach Art des SMES variieren. SMES werden kategorisiert nach ihrer kritischen Temperatur (T_c), LTS (*NbTi*) und HTS (*YBCO, BSCCO*), und nach der Konfiguration für ihre Verwendung [10–17], bei der die Optimierung der Leistung des Geräts in

Tab. 2.1 Hauptmerkmale eines SMES [3, 7, 8, 22–38]

Tägliche Selbstentladung (%)	Energiedichte (Wh/L)	Spezifische Energie (Wh/kg)	Leistungsdichte (W/L)	Spezifische Leistung (W/kg)	Leistung (MW)	Reaktionszeit	Entladezeit	Geeignete Speicherdauer	Effizienz (%)	Lebensdauer (Jahr)	Lebensdauer (Zyklen)
10–15	0,2–8	0,5–5	1000–4000	500–2000	0,01–10	<5 ms	ms–min	min–h	>95	20+	100.000

2.1 Einführung

verschiedenen Prozessen und Systemen gesucht wird. Dies impliziert das Streben nach Untersuchungen neuer Legierungen mit höherer kritischer Temperatur als die HTS [18], die Optimierung der Elemente der elektrischen Anpassung, sowie Untersuchungen in den Systemen der Regelung und Steuerung [19] oder die Untersuchung der Einbeziehung dieser Systeme in Mikro-/Smart-Grids [20, 21].

Aufgrund der Eigenschaften dieser Art von Systemen sind Anwendungen auf eine Gruppe von potenziellen Nutzungen beschränkt, die sich auf elektrische Energiesysteme konzentrieren, die für die Bereitstellung eines angemessenen Qualitätssystems unerlässlich sind.

Tab. 2.2 zeigt die Anwendungen dieser Art von ESS.

Die Methoden, die zur Durchführung des Kapitels dieses Artikels verwendet werden, werden in Abschn. 2.2 skizziert. In diesem Abschnitt wird die Gesetzgebung über ESS für die Anwendung im spanischen Elektrizitätssystem als Beispiel für ein System gezeigt, in dem die Durchdringung erneuerbarer Energien einen hohen Einfluss hat. Das Hauptproblem, das die vollständige Reifung des Systems verhindert, die wirtschaftliche Kasuistik und eine Machbarkeitsanalyse eines solchen Systems werden ebenfalls in diesem Abschnitt behandelt. Aus diesem Grund wird die wirtschaftliche Auswirkung ihrer Verwendung im Elektrizitätssystem, von den Herstellungskosten bis zu den Wartungskosten, analysiert. Die Ergebnisse der wirtschaftlichen Studie zur Einbeziehung von SMES-Speichersystemen in das Stromnetz werden in Abschn. 2.3 vorgestellt. Dies ermöglicht die möglichen wirtschaftlichen Vorteile der Einbeziehung dieser Systeme in das Stromnetz und andere indirekte Vorteile zu bestimmen.

Die gesetzlichen und normativen Fragen werden in Abschn. 2.4 diskutiert, und zwar in Bezug auf die Standardisierung der Ausrüstung und Regulierung, die die Implementierung von SMES-Systemen und ihre Wettbewerbsfähigkeit mit anderen Systemen beeinflusst [42]. Schließlich ist Abschn. 2.5 den wichtigsten

Tab. 2.2 Anwendungen von SMES [7, 8, 29, 38–41]

Anwendungs-bereich	Bereit-schafts-reserve	Notstrom- und Tele-kommunikations-Backup-Strom	Lastfolge	Unter-brechungs-freie Strom-versorgung (USV)	Spannungs-regelung und -steuerung
	✗	✗	✓	✓	✓
	Schwarz-start	Frequenz-regelung	Integration von erneuerbaren Stromerzeugungs-anlagen	Unterdrückung von Netz-schwankungen	Dreh-reserve
	✓	✓	✓	✓	✓

Schlussfolgerungen aus der normativen und wirtschaftlichen Studie dieser Systeme vorbehalten.

2.2 Material und Methoden

Für diese Fallstudie wurde eine in zwei Teile differenzierte Analyse durchgeführt. Einerseits hat das Energieministerium von Spanien die gesetzlichen und normativen Informationen, die sich auf den gesamten Prozess der Energieerzeugung und des Energieverbrauchs beziehen. Alle in Bezug auf das spanische Elektrizitätssystem genehmigten Gesetze werden im BOE (Boletín Oficial del Estado, spanisches Gesetzblatt) veröffentlicht, das eine wesentliche Referenz darstellt. Diese Gesetzgebung betrifft direkt oder indirekt die Energiespeichersysteme. In Bezug auf die Gesetzgebung in anderen Ländern können Informationen auch hauptsächlich in den betroffenen Ministerien oder Staatsabteilungen gefunden werden. Die Normierung und Standardisierung sind im Anhang 1 detailliert.

Verschiedene Dokumente wurden für die wirtschaftliche Studie analysiert: die wirtschaftlichen Kosten für den Bau von SMES, die potenziellen wirtschaftlichen Vorteile der Einbeziehung von SMES in das Elektrizitätssystem und der Umweltnutzen der Verwendung eines ESS.

Schließlich wurde die Menge der schädlichen Gase analysiert, die durch den Kohleverbrauch erzeugt werden, und die mögliche Einsparung durch die Einbeziehung des ESS. Für die Menge der erzeugten Gase ist es notwendig, die Art der Kohle, die hauptsächlich verbraucht wird, und den Anteil der Gase, die nach Typologie für jedes Kilogramm verbrauchter Kohle erzeugt werden, zu berücksichtigen. Mit diesen Informationen ist es möglich, eine Analyse der großen Mengen dieser Gase durchzuführen, die dank des ESS vermieden werden könnten, sowie die wirtschaftlichen Auswirkungen der Reduzierung der Emission dieser Gase zu bestimmen.

2.2.1 Theoretischer Rahmen

Auf gesetzlicher Ebene gibt es in Spanien kein Gesetz oder spezifische Vorschriften, die die Forschung, Entwicklung und Implementierung dieser Systeme ermöglichen. Allerdings wurde die Einbeziehung anderer ESS wie kinetische Energiespeicherung gefördert. Ein Laborprototyp wurde entwickelt, in dem ein Emulator für Eisenbahn-Oberleitungen, ein Emulator für den Verbrauch von Elektrofahrzeugen und eine Einheit für die Energiespeicherung auf Basis von Superkondensatoren integriert und an einem System getestet wurden, das in der U-Bahn von Madrid installiert ist [43]. Darüber hinaus wurde ein Schwungrad von 25 kW, 10 MJ für den Betrieb in einem Mikronetz angepasst, für die Anwendung als Kompensation während Verbrauchsspitzen und zur Frequenzregelung [44].

2.2 Material und Methoden

Im Falle des spanischen Elektrizitätssystems sollten wir die verschiedenen politischen Ebenen berücksichtigen, um eine angemessene Einbeziehung von SMES-Systemen zu gewährleisten, ihre Verwendung und Regulierung in Fertigungssystemen zu fördern. Diese Ebenen können zusammengefasst werden als:

- Europäische Union (EU), durch die entsprechenden Verordnungen oder Richtlinien [45].
- National, durch gewöhnliche Gesetze, königliches Dekretgesetz oder Verordnungen (königliches Dekret, Ministerialverordnung, Rundschreiben, Beschlüsse usw.) [46, 47].
- Andere Vorschriften mit nur regionaler Anwendung, wie Dekrete oder Verordnungen.

Die Gesetzgebung in Bezug auf die regionale Ebene ist in Bezug auf die Einbeziehung von ESS von großer oder mittlerer Skala sehr begrenzt. Trotzdem kann Spanien wirtschaftliche Hilfe gewähren, um die Installation im kleinen Maßstab, für Mikro-SMES-Systeme der lokalen Speicherung, zu fördern.

2.2.2 Berechnungen

Es gibt mehrere Studien, die versuchen, eine wirtschaftliche Analyse über das ESS auf allgemeine Weise durchzuführen [16, 48–54]. Auf diese Weise können die Kosten in investiertes Kapital (C_I), Betriebs- und Wartungskapital ($C_{O\&M}$) und Finanzkapital (C_F) oder Investitionskapital gruppiert werden.

Ohne Berücksichtigung von Details sind die Kosten für ein Speichersystem:

$$TSC(\$) = C_I(\$) + C_{O\&M}(\$) + C_F(\$) \quad (2.1)$$

Hier können die Gesamtkosten der Investition, C_I, als Summe der Kosten für Material, Bau und Inbetriebnahme, die diesem ESS eigen sind, definiert werden. Für diese Kostenanalyse ist es notwendig, eine Überprüfung der zuvor aufgelisteten Hauptkomponenten durchzuführen. Diese Systeme bestehen hauptsächlich aus:

- Supraleitende Spule
- Kryotechnisches System
- Elektrisches System
- Überwachungs- und Steuerungssystem

Die Angemessenheit der Analyse berücksichtigt Materialien und Konfigurationen, die behandelt werden sollen, sowie die Kosten des Supraleiterelements selbst, das das teuerste Element des Geräts ist, sowohl bei LTS- als auch bei HTS-Geräten. Abb. 2.2 zeigt ein Beispiel für eine Spule und die Hauptelemente des SMES-Systems.

Die Investitionskosten können in drei Untergruppen eingeteilt werden:

$$C_I(\$) = C_{st}(\$) + C_e(\$) + C_{BOP}(\$) \quad (2.2)$$

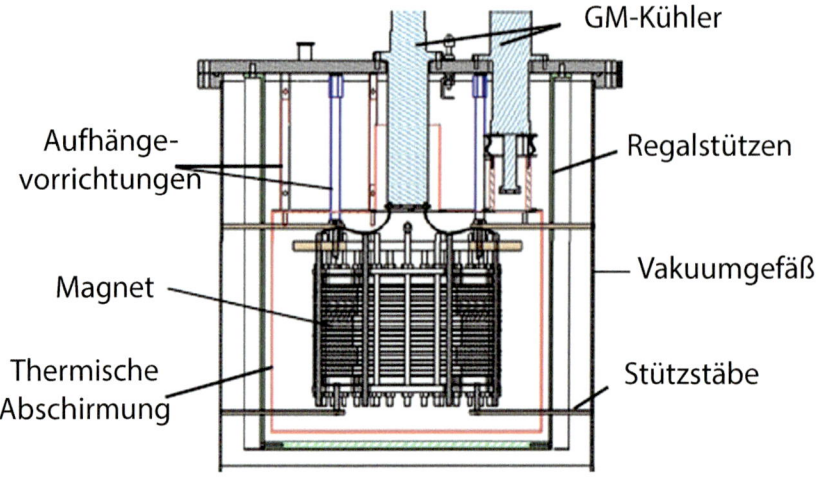

Abb. 2.2 SMES-System [55]

In denen:

C_{st} ($)   sind die Kosten für den Bau des Speichersystems,
C_e ($)   sind die Kosten für das elektrische System des Geräts, und
C_{BOP} ($)   sind die Kosten für die Kraftwerksregelung und die Kosten für das Hilfssystem.

Unabhängig davon, wie sorgfältig diese Analyse sein kann, in der Sie die minimalen Kosten des grundlegendsten Elements berechnen können, ist es möglich, sie zu vereinfachen, indem Sie die Größe des Geräts verwenden, das heißt:

$$C\_st(\$) = (C_E \cdot E)/\eta \tag{2.3}$$

$$C_e(\$) = C_P \cdot P \tag{2.4}$$

$$C_{BOP}(\$) = C_{BOP}(\$/kW) \cdot P \quad \text{oder} \quad C_{BOP}(\$) = C_{BOP}(\$/kWh) \cdot E \tag{2.5}$$

Mit:

C_E sind die Energiekosten ($/kWh),
E   ist die gespeicherte Energie (kWh),
η ist die Effizienz des Systems,
C_P sind die Kosten für die Leistung ($/kW), und
P   ist die Leistung (kW). In Gl. (2.5) ist es möglich, je nach den für die Analyse verfügbaren Daten eine Formel oder eine andere zu verwenden.

Die Kosten für die Kraftwerksregelung beinhalten das Steuermodul, das das ordnungsgemäße Funktionieren und die Leistung des Systems ermöglicht. Abb. 2.3 zeigt ein schematisches Diagramm eines Steuermoduls, aber es kann je nach

2.2 Material und Methoden

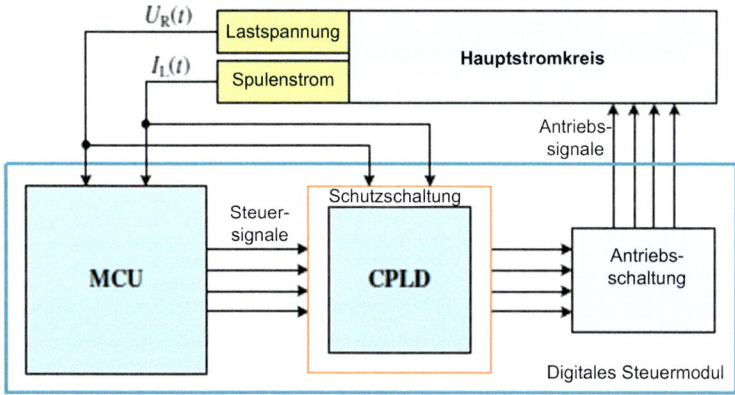

Abb. 2.3 Steuermodul eines SMES-Systems [56]

den Konfigurationsblöcken (D-SMES), seiner Anwendung oder ob es Teil eines Hybrid-Speichersystems ist, variieren.

Der Verschleiß der Materialien unter Arbeitsbedingungen, elektrisch oder thermisch, muss in den Wartungs- und Betriebskosten berücksichtigt werden.

Es ist auch wichtig, den Energieverbrauch der Kryotechnik zu berücksichtigen, die die Temperatur bei optimaler Betriebsbedingung hält, eine variable Ausgabe, die durch Anbausysteme ersetzt werden kann. Es wird geschätzt, dass ein typisches Kühlsystem etwa 1,5 kW pro MWh gespeicherter Energie benötigt [57].

Darüber hinaus sollte die qualifizierte Arbeitskraft, die für den Betrieb des Systems benötigt wird, berücksichtigt werden. Wie bei anderen Faktoren sind diese Betriebskosten variabel und können als Funktion der Leistungskapazität und der Betriebsjahre approximiert werden.

$$C_{O\&M}(\$) = C_{O\&M}(\$/kW) \cdot P \cdot k \tag{2.6}$$

Schließlich finden wir einen variablen Term, abhängig von den Interessen der Investition und den Jahren. Normalerweise wird dieser Kostenpunkt durch Folgendes gekennzeichnet:

$$C_F(\$) = C_I(\$) \cdot \delta \tag{2.7}$$

Mit einem Multiplikatorfaktor δ, der gegeben ist durch:

$$\delta = \left(r \cdot (1+r)^k\right) / \left((1+r)^k - 1\right) \tag{2.8}$$

Mit:

r ist der Zinssatz der Investition, und

K ist die Lebensdauer, in Jahren. Nach der Analyse der Kosten für die Herstellung und Wartung der SMES-Systeme müssen die wirtschaftlichen Vorteile der Nutzung dieser Systeme analysiert werden. Dazu werden die Informationen über die Verfügbarkeit im spanischen Stromsystem ermittelt.

Die nicht gelieferte Energie (ENS) misst den Stromausfall im System (MWh) im Laufe des Jahres, der nur auf Netzunterbrechungen zurückzuführen ist. Nur Unterbrechungen von über einer Minute Dauer Nullspannung werden gezählt. In diesem Fall würde die Einbeziehung eines SMES-Systems die Ausfälle, die auf eine begrenzte Dauer beschränkt sind, aufgrund seiner geringen Energiedichte reduzieren. Für Stromausfälle von längerer Dauer könnten hybride Systeme implementiert werden [58]. Eine andere Lösung könnte die Verbesserung der Energiedichte dieser Systeme sein; eine umfangreiche Anzahl von Studien wurde zu diesem Thema durchgeführt [55, 58–61].

Die durchschnittliche Unterbrechungszeit (AIT) wird als das Verhältnis zwischen der nicht gelieferten Energie und der durchschnittlichen Leistung des Systems definiert, ausgedrückt in Minuten:

$$TIM = HA \cdot 60 \cdot ENS/DA$$

Mit:

HA sind die Stunden pro Jahr, und

DA ist die jährliche Nachfrage des Systems in MWh. Anhang 1 zeigt einige Aspekte, die bei der Regulierung und wirtschaftlichen Aspekten, die zuvor nicht angegeben wurden, aber für das Verständnis einiger Aspekte von Bedeutung sein können, zu beachten sind.

2.3 Ergebnisse

Um die Kosten der Speicherung des SMES-Systems zu bewerten und seine wirtschaftliche Rentabilität zu bestimmen, ist es notwendig zu berücksichtigen, dass verschiedene Eigenschaften eine wichtige Rolle bei der Herstellung dieser Elemente spielen, wie die Größe des Speicherelements.

Diese Studie konzentriert sich auf Systeme, die für die Regulierung und Speicherung des Übertragungs- und Verteilnetzes bestimmt sind, daher werden weder Micro-SMES- noch Mini-SMES-Systeme beschrieben; ihre Speicherkapazität ist begrenzter und sie wären für den Hausgebrauch bestimmt.

2.3.1 Wirtschaftliche Analyse

Die Kosten eines ESS richten sich nach der Kapazität der Leistung und/oder Energie, das heißt, $/kW oder $/kWh. In den letzten Jahren wurden die Prozesse zur Herstellung von SMES-Modulen sowie die Hilfssysteme verbessert, die Preise für die Herstellung von Elementen wurden gesenkt, in einigen Fällen wurden sie durch Elemente ersetzt, die die gleichen Eigenschaften haben, aber wirtschaftlich

2.3 Ergebnisse

zugänglicher sind. All dies hat eine Vielzahl von Kosten über einen weiten Bereich ermöglicht, wie in Tab. 2.3 gezeigt.

Der Preis eines HTS lag in den letzten Jahren bei etwa 35 \$/A·m für ein BSCCO und 15 \$/A·m für ein YBCO und er sinkt weiter [56]. Dies geschieht auch mit anderen ESS, für die geschätzt wird, dass die Kosten im Durchschnitt um etwa 20 % reduziert werden, wie in Abb. 2.4 für andere Technologien gezeigt.

Als Beispiel, unter Verwendung der Informationen aus dem Text von Sundararagavan [52], zeigt Tab. 2.4 die Kosten, die von den Eigenschaften und den Materialien abhängen.

Mit diesen Daten und unter Berücksichtigung der Studie von Ren et al. [30], in der ein SMES-System Energie/Leistung (MWh/MW) = 6.49/1.52 sowie ein Zinssatz von r = 10 % angegeben ist, betragen die Gesamtkosten des Projekts:

C_I (\$)	\$ 68.781.524,47
C_{OM} (\$)	\$ 304.000,00
C_F (\$)	\$ 3.735.244,77
TSC (\$)	\$ 72.820.769,24

Tab. 2.3 Preisspanne eines SMES-Systems [7, 22, 24–29, 31, 36–38, 59–62]

SMES-System	700–10.000	130–515

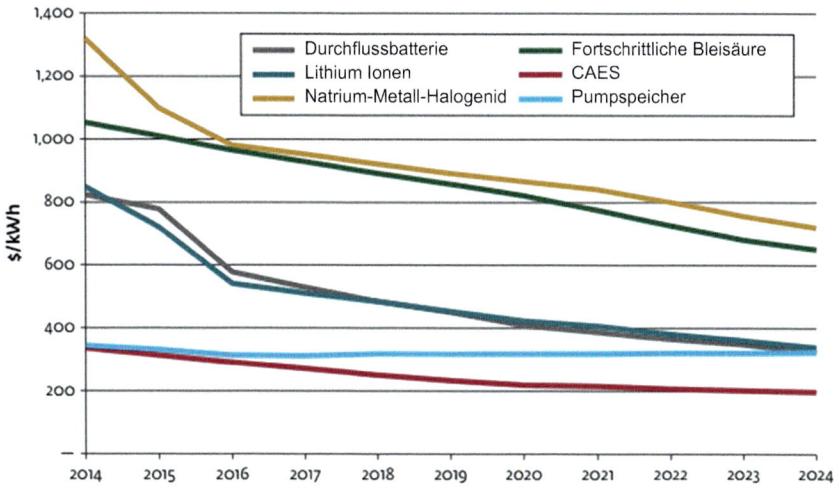

Abb. 2.4 Schätzung der Kosten für Speichertechnologie [63]

Tab. 2.4 Beispiel für die Kosten eines SMES-Systems [52]

Techno-logie	Energie-kosten ($/kWh)	Leistungs-kosten ($/kW)	Kosten für die Anlagen-regelung ($/kWh)	Betriebs- und Wartungs-kosten ($/kW)	Effizienz (%)	Lebens-dauer (Jahre)
SMES	10	300	1,5	10	95	20

In dieser Studie zeigen Ren et al. Kosten von etwa 1.358.300 $/Jahr, bei einer durchschnittlichen Lebensdauer von mehr als 20 Jahren, also insgesamt 27.166.000 $. Diese Daten zeigen die großen Unterschiede in den Projekten zur Installation eines solchen Systems, die von verschiedenen Faktoren und Technologien beeinflusst werden.

Mit den erhaltenen Daten könnte ein Vergleich durchgeführt werden, um die Auswirkungen dieser Kosten auf das Budget einer bedeutenden spanischen Stadt wie Zaragoza zu zeigen, die ein Budget von 744,3 M€ [64] (808 M$) hat. Daher würde die Schaffung und der Betrieb eines solchen Systems etwa 7,7 % ihres Gesamtbudgets ausmachen.

2.3.2 Wirtschaftliche Vorteile

Die Informationen über die Verfügbarkeit und Qualität der Stromversorgung, die vom Systembetreiber im spanischen Stromsystem (REE) bereitgestellt werden, müssen analysiert werden, um die möglichen wirtschaftlichen Vorteile zu ermitteln. Diese Informationen für das Übertragungsnetz ab 2011 sind in den Tab. 2.5, 2.6 und 2.7 [65] gegeben.

Daraus können die gesamten direkten Verluste aus Energie, die erzeugt, aber nicht geliefert wurde, ermittelt werden, wie in Abb. 2.5 dargestellt. Diese Abbildung wird mit Daten von REE erstellt.

Zu den durch die Erzeugungskosten verursachten Verlusten müssen die Entschädigungen der Elektrizitätsunternehmen an die Nutzer hinzugefügt werden. Die gemäß der Regulierung festgelegte Mindestqualität berücksichtigt sowohl

Tab. 2.5 Iberisches Übertragungsnetz

Iberisches Übertragungsnetz	2011	2012	2013	2014	2015
Netzverfügbarkeit (%)	97,72	97,78	98,2	98,2	97,93
Nicht gelieferte Energie (ENS) MWh	259	113	1.126	204	52
Durchschnittliche Unterbrechungszeit (AIT) min	0,535	0,238	2,403	0,441	0,111

2.3 Ergebnisse

Tab. 2.6 Balearisches Übertragungsnetz

Balearisches Übertragungsnetz	2011	2012	2013	2014	2015
Netzverfügbarkeit (%)	98,21	98,07	97,96	98	96,87
Nicht gelieferte Energie (ENS) MWh	35	7	80	13	7
Durchschnittliche Unterbrechungszeit (AIT) min	3194	0,678	7,366	1,205	0,642

Tab. 2.7 Kanarisches Übertragungsnetz

Kanarisches Übertragungsnetz	2011	2012	2013	2014	2015
Netzverfügbarkeit (%)	98,95	98,91	98,3	98,37	96,76
Nicht gelieferte Energie (ENS) MWh	17	10	3	64	29
Durchschnittliche Unterbrechungszeit (AIT) min	1023	0,613	0,177	3,938	1763

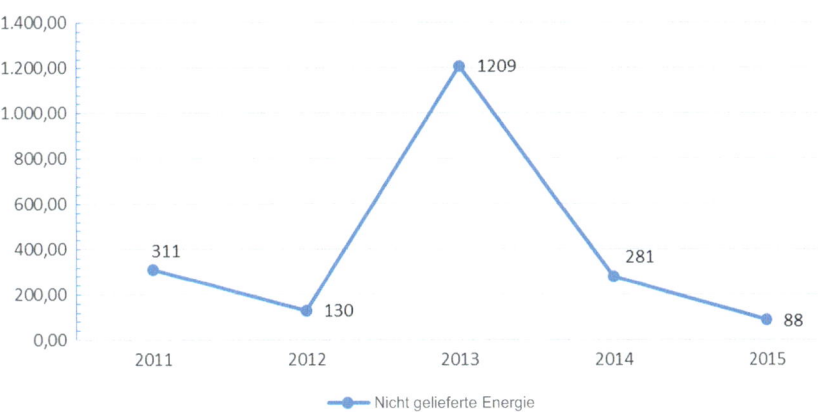

Abb. 2.5 Verluste durch Stromunterbrechungen [65]

die Anzahl der Unterbrechungen als auch die Gesamtzeit in einem Jahr, in der es keine Versorgung gab, je nach Gebiet und wie es eingestuft wird.

Ein Nutzer hat Anspruch auf einen Rabatt auf die Rechnung für das erste Quartal des Jahres nach dem Vorfall. Die Kunden können auch eine andere Art von Entschädigung beantragen, falls ihre Güter aufgrund eines Stromausfalls beschädigt wurden.

Die Nationale Kommission der Märkte und des Wettbewerbs (CNMC) hat die Strafen für die spanischen Stromverteiler für ihre Netzverluste im Jahr 2016 auf 52,5 M€ bewertet [66].

Darüber hinaus müssen die wirtschaftlichen Verluste berücksichtigt werden, die durch die Nichtbetriebszeit verschiedener Fabriken und Produktionen entstehen. In diesem Fall ist es schwieriger, den genauen Betrag der Verluste zu ermitteln, da er von Faktoren wie der Art der Industrie, der Zeit, zu der sie auftritt, oder dem Standort abhängt. An dieser Stelle treten die größten Verluste auf.

In den Branchen, in denen ein kontinuierlicher Prozess wichtig ist und bei denen die Stilllegung der Produktion zu hohen Verlusten führen kann, weil eine bestimmte Zeit benötigt wird, um die Motoren neu zu starten. In diesem Fall spielen die SMES-Systeme eine wichtige Rolle; die Startzeit würde aufgrund der hohen Leistungsdichte erheblich reduziert.

2.3.3 Umweltvorteile

Neben den direkten wirtschaftlichen Vorteilen gibt es auch indirekte Vorteile, zu denen die Umweltvorteile gehören. Diese Umweltvorteile ermöglichen eine Reduzierung der Energie aus Quellen (zum Beispiel Kohle), deren Nutzung mit einem großen Schadstoffausstoß einhergeht. Der Verbrauch verschiedener Kohlearten erzeugt Substanzen, die für den Menschen schädlich sind und Veränderungen in den biologischen Zyklen der Arten sowie andere Folgen verursachen können. Diese Folgen können eine Erhöhung der Kosten für die Behandlung von Krankheiten, Behandlungen zur Umwelterholung sowie Behandlungen zum Schutz von architektonischen Elementen beinhalten, die als Folge der Erhöhung des Anteils verschiedener in der Luft gelöster Substanzen entstehen.

Eine große Vielfalt an schädlichen Substanzen tritt aufgrund ihrer Zusammensetzung bei der Verbrennung von Kohle auf. Aus diesem Grund ist es notwendig, eine Analyse durchzuführen, wie viel Kohle durch die Nutzung von Energiespeicherelementen nicht verbrannt wurde. Die Menge an nicht verbrauchter Kohle (CNC) kann als Ergebnis der Nutzung des ESS mit der folgenden Formel geschätzt werden:

$$CNC = E_{SESS} \cdot h_{\%C} \cdot R_{conv}$$

In welcher:

E_{SESS} ist die von ESS bereitgestellte Energie (kWh),
$h_{\%C}$ ist der Prozentsatz der Energie, die von Kohlequellen bereitgestellt wird (%), und
R_{conv} ist der Umrechnungsfaktor der Energie der Kohle ((kg(Kohle))/MWh).

Die Variation des Energiemixes während des Tages muss berücksichtigt werden, daher ändert sich die Formel zu:

$$CNC_D = \left(\sum_{j=0}^{23} E_{SESS\,j} \cdot h_{\%C\,j} \right) \cdot R_{conv}$$

2.3 Ergebnisse

Diese Formel betrachtet den Faktor der Energieumwandlung von Kohle als konstant, aber abhängig von der Mischung der verwendeten Kohle kann er variieren.

Mit diesem kann die Menge der in die Atmosphäre abgegebenen Stoffe berechnet werden. Dies hängt vom Emissionsfaktor der verschiedenen Stoffe ab. Tab. 2.8 zeigt den Emissionsfaktor der Hauptstoffe:

Als Ergebnis ist es möglich, die Menge der aus der Kohle freigesetzten Stoffe zu ermitteln, die aufgrund der Nutzung von ESS nicht freigesetzt werden, indem diese Formel verwendet wird.

$$R_x = \chi_y \cdot CNC$$

Mit:

y; It can be : CO_2, CO, SO_2, NH_3, NO_X

Die Informationen der letzten Jahre über den Kohleverbrauch in Spanien sind in Tab. 2.9 zusammengefasst.

Die Menge an schädlichen Substanzen wird aus diesen Informationen gewonnen. Diese Substanzen werden durch den Kohleverbrauch für die Erzeugung von elektrischer Energie im Laufe des Jahres in Tonnen erzeugt, wie in Tab. 2.10 dargestellt.

Aus diesen Gründen ist dies eines der Ziele für die Verwendung dieser Systeme zur Speicherung von elektrischer Energie. Es ist zu beachten, dass diese Informationen nur der Erzeugung von Substanzen durch Kohleverbrauch entsprechen. Es

Tab. 2.8 Emissionsfaktor der Hauptstoffe [67]

	Emissionsfaktor (χ)	Einheiten
Kohlendioxid, CO_2	2,29700	kg CO_2/kg Kohle
Kohlenmonoxid, CO	0,00025	kg CO/kg Kohle
Schwefeldioxid, SO_2	0,05510	kg SO_2/kg Kohle
Ammoniak, NH_3	0,00086	kg NH_3/kg Kohle
Stickstoffdioxid, NO_X	0,01100	kg NO_2/kg Kohle

Tab. 2.9 Kohlestatistiken in Spanien [67, 68]

	Durchschnittliche jährliche Erzeugung (%)	Energieerzeugung (GWh)
2009	12,50	34.793,03
2010	8,30	23.700,61
2011	15,60	43.266,69
2012	19,20	53.813,42
2013	14,70	39.527,56
2014	16,50	43.320,30
2015	19,90	52.789,04
2016	14,50	37.474,06

Tab. 2.10 Erzeugung von Substanzen durch die Nutzung von Kohle [68]

	Menge der pro Jahr erzeugten Substanz [Tonne]				
	CO_2	CO	SO_2	NH_3	NO_X
2009	14.027.869,55	1526,76	336.497,87	5252,05	67.177,43
2010	9.555.625,39	1040,01	229.218,53	3577,64	45.760,50
2011	17.444.287,85	1898,59	418.450,27	6531,17	83.538,17
2012	21.696.521,14	2361,40	520.452,03	8123,21	103.901,49
2013	15.936.743,31	1734,52	382.287,57	5966,74	76.318,75

wäre notwendig, die Nutzung anderer Quellen für die Erzeugung von Elektrizität hinzuzufügen, wie die eines kombinierten Kreislaufsystems oder Heizöls.

Aus diesen Daten lässt sich die Menge an Kohle abschätzen, die durch die Verwendung von Energiespeichersystemen eingespart wurde. Unter Berücksichtigung des Prozentsatzes der Energie, die aus Kohlequellen stammt, der Energie, die von den Energiespeicherquellen geliefert wird, und des Energieumwandlungsfaktors der Kohle [71], wurden die eingesparte Kohlenstoffmenge und die nicht erfolgte CO_2-Emission als Ergebnis der Kohleeinsparung berechnet und in Tab. 2.11 dargestellt.

Diese Daten werden dank der Energie erzeugt, die von den PHS-Systemen produziert wird, da sie das Hauptenergiespeichersystem in Spanien sind. Die Energie, die von den anderen Systemen erzeugt wird, kann zum jetzigen Zeitpunkt als vernachlässigbar angesehen werden.

2.4 Diskussion

In der aktuellen Phase der hochkapazitiven SMES-Systeme (Forschung/Pre-Sale) sind wirtschaftliche und finanzielle Unterstützung sowie eine Gesetzgebung, die ihre Anwendung regelt, wichtig. Daher würde eine angemessene Regulierung auf verschiedenen Ebenen es ermöglichen, dieses Speichersystem zu entwickeln und

Tab. 2.11 Eingesparte Tonnen Kohlenstoff und CO_2 durch ESS [71]

	% Kohlenstoff	E_{SESS} (MWh)	CNC	CO_2
2010	8,30	4.457.782,58	3909,58	8980,30
2011	15,60	3.214.959,82	5299,48	12.172,90
2012	19,20	5.022.547,79	10.189,62	23.405,56
2013	14,70	5.957.844,99	9254,21	21.256,92
2014	16,50	5.329.590,05	9292,03	21.343,79
2015	19,90	4.520.094,18	9504,59	21.832,04
2016	14,50	4.819.413,08	7384,05	16.961,17

2.4 Diskussion 43

seine Vorteile zu nutzen, oder umgekehrt, es für die Aufnahme in ein elektrisches System auszuschließen, weil die Verwendung anderer Systeme technisch oder wirtschaftlich angemessener erscheint.

Das potenzielle Speichern von Energie, das das spanische Elektrizitätssystem hat, und die Bereitschaft zur Aufnahme des ESS sind bemerkenswert, wie in Abb. 2.6 gezeigt. Die Leistung der installierten Speicherung und der entwickelten Speicherprojekte sind in dieser Abbildung dargestellt.

2.4.1 Gemeinschaftsgesetzgebung (EU)

Es gibt zahlreiche Resolutionen des Europäischen Parlaments, die darauf abzielen, die Nutzung erneuerbarer Energien zu fördern und die Emissionen von Treibhausgasen zu reduzieren. Zum Beispiel verbindliche Ziele für 2020 [72], die Resolution vom Februar 2014 [73] für den Horizont 2030 oder die Roadmap der Energie für 2050 [74], unter anderen [75].

Darüber hinaus gibt es Resolutionen des Europäischen Parlaments, die die Schaffung eines langfristigen Systems gemeinsamer Anreize fordern, um die EU zugunsten erneuerbarer Energiequellen zu skalieren [76]. Diese Resolutionen unterstützen auch die Technologien von Smart Grids [77], sowie die Mikroerzeugung von Strom und Wärme im kleinen Maßstab [78], die darauf abzielt, den persönlichen Energieverbrauch der Bürger zu unterstützen, sowie die Notwendigkeit, Anreize zu schaffen, die die Erzeugung von Energie im kleinen Maßstab fördern.

Um einen Übergang zu einem Energiemodell wie dem vom Parlament in Europa vorgeschlagenen zu realisieren, ist es notwendig, dem europäischen Energiesystem durch die Verbesserung der Energiespeichertechnologien Flexibilität zu verleihen.

Innovationsaktivitäten in Bezug auf die Speicherung auf lokaler Ebene, wie zum Beispiel in Wohngebieten oder Industriegebieten, zielen darauf ab, Synergien

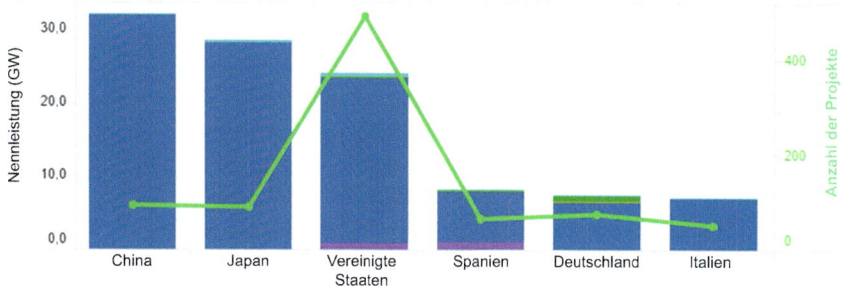

Abb. 2.6 Gespeicherte Leistung – Speicherprojekte [5]

zwischen Technologien zu schaffen und die Stromversorgung sichere und stabiler zu machen, auch in abgelegenen Gebieten ohne ausreichende Verbindung zum Stromnetz.

Für die großflächige Speicherung zielt die Investition darauf ab, hohe Durchdringungsraten erneuerbarer Energiequellen zu gewährleisten, um hohe Stromnachfragen über längere Zeiträume zu decken. Darüber hinaus müssen die innovativen Maßnahmen die Integration und das Management von Netzen und Synergien zwischen einem elektrischen Netz und anderen sicherstellen.

Es wird auch Wert auf die Entwicklung und Verbesserung der Energiespeichertechnologien gelegt, die bessere Ergebnisse mit geringeren Kosten erzielen. Für jede Technologie wird die Rentabilität (Kosten-Nutzen-Abwägung) untersucht und analysiert, indem Szenarien und Simulationen, die Erweiterung des Stromnetzes, die Einbeziehung anderer Speichersysteme und das Management der Energiewirtschaft verwendet werden.

Ein Beispiel für diese Art ist das Projekt „Grid + Storage" [79]. Es identifiziert Maßnahmen, die auf die Integration der Energiespeicherung in die Verteilnetze abzielen, mit dem Ziel, sie flexibler zu gestalten.

In Bezug auf die Hauptregulierung bezüglich der ESS muss die europäische Gesetzgebung, die in Tab. 2.12 erscheint, berücksichtigt werden.

2.4.2 Nationale Gesetzgebung

Die europäischen Richtlinien beinhalten eine Reihe von Gesetzen für die Mitgliedstaaten wie Spanien. Diese Gesetze sind im Anhang 2 aufgeführt. Dieser Anhang zeigt die beiden Hauptgesetze, die den Elektrizitätssektor in Spanien regeln, das Gesetz 54/1997 [85] und das Gesetz 24/2013 [86]. Diese Gesetze haben die Liberalisierung des Elektrizitätssektors in Spanien ermöglicht. Ein Punkt, der das Gesetz 24/2013 von dem vorherigen unterscheidet, ist das Verschwinden des vorherigen „Sonderregimes", das erneuerbare Energien, Kraft-Wärme-Kopplung und Abfall einschloss. Artikel 23 dieses Gesetzes besagt, dass Stromerzeuger wirtschaftliche Angebote für den Energieverkauf auf dem Tagesmarkt machen, wobei die Besonderheit besteht, dass alle Produktionsanlagen Angebote auf dem Markt machen müssen, einschließlich derjenigen des ehemaligen Sonderregimes [86].

In diesen Gesetzen, wie auch in den anderen im Anhang 1 aufgeführten, werden SMES-Speichersysteme nicht explizit erwähnt, aber die Eigenschaften und Funktionen der verschiedenen Komponenten eines elektrischen Systems werden diskutiert. Deshalb sind diese und andere Regulierungen in der Tabelle wichtig in Bezug auf das SMES-Speichersystem und seine Anwendungen.

Tab. 2.13 zeigt die Betriebsverfahren (OP, Anhang 1), die das ESS beeinflussen können und die aufgrund ihrer Anwendung in einem elektrischen System speziell in den Vorschriften genannt werden.

Die Betriebsverfahren zielen auf die technische Eignung der Elemente im Übertragungsnetz ab. Bei Speichersystemen konzentrieren sich diese Verfahren

2.4 Diskussion

Tab. 2.12 Hauptgesetzgebung der Europäischen Union

Norm	Datum	Bereich	Zusammenfassung
Der Vertrag über die Europäische Union und der Vertrag über die Arbeitsweise der Europäischen Union [77]	2010	Charta der Grundrechte der Europäischen Union	• Gewährleistung des Funktionierens des Energiemarktes • Gewährleistung der Energieversorgungssicherheit in der Union • Förderung der Energieeffizienz und der Energieeinsparung sowie der Entwicklung neuer und erneuerbarer Energien • Förderung der Vernetzung der Energienetze
Richtlinie 2009/28/EG des Europäischen Parlaments und des Rates [78]	23. April 2009	Betrifft die Förderung der Nutzung von Energie aus erneuerbaren Quellen und die Änderung und Aufhebung der Richtlinien 2001/77/EG und 2003/30/EG	• Unterstützt die Integration in das Netz für die Übertragung und die Verteilung von Energie aus erneuerbaren Quellen und die Nutzung von Energiespeichersystemen für die variable integrierte Produktion von Energie aus erneuerbaren Quellen
Richtlinie 2009/72/EG des Europäischen Parlaments und des Rates [79]	13. Juli 2009	Betrifft gemeinsame Regeln für den internen Strommarkt	• Legt gemeinsame Regeln für die Erzeugung, die Übertragung, die Verteilung und die Versorgung mit Strom fest, sowie Regeln zum Schutz der Verbraucher, mit dem Ziel, die Wettbewerbsmärkte für Strom in der EU zu verbessern und zu integrieren
Richtlinie 2012/27/EU des Europäischen Parlaments und des Rates [80]	25. Oktober 2012	Betrifft die Energieeffizienz, ändert die Richtlinien 2009/125/EG und 2010/30/EU und hebt die Richtlinien 2004/8/EG und 2006/32/EG auf	• Zeigt die verschiedenen Kriterien der Energieeffizienz für die Regulierung des Energienetzes und für die Tarife des Stromnetzes
Verordnung (EU) Nr. 347/2013 des Europäischen Parlaments und des Rates [81]	17. April 2013	Betrifft die Leitlinien für transeuropäische Energieinfrastrukturen	• Die Projekte im Zusammenhang mit der Übertragung und der Speicherung von Energie sollten die Nutzung erneuerbarer Quellen, Speichersysteme fördern, die Versorgungssicherheit gewährleisten und sich für finanzielle Unterstützung von der Union in Form von Zuschüssen entscheiden

auf Pumpspeichersysteme. Die Unternehmen, die die Anlagen besitzen, sind verpflichtet, verschiedene Daten an den Systembetreiber zu übermitteln, wie z. B. Quoten und in den Speichern gespeicherte Volumen oder voraussichtliche Verfügbarkeitsänderungen der Pumpengruppen, auf wöchentlicher Basis [87].

Tab. 2.13 Betriebsverfahren

Betriebsverfahren	Geltungsbereich
P.O. 1.2 [87]	Zulässige Lastnetzpegel
P.O. 2.1 [88]	Nachfrageprognose
P.O. 2.5 [88]	Wartungspläne von Produktionseinheiten
P.O. 3.1 [89]	Erzeugungsplanung
P.O. 3.7 [89]	Anwendung von Beschränkungen auf Energieproduktionslieferungen in nicht auflösbaren Situationen mit der Anwendung der Anpassung des Systemdienstes
P.O. 3.10 [90]	Behebung von Beschränkungen durch Sicherstellung der Versorgung
P.O. 7.4 [91]	Komplementäre Spannungsregelung für das Übertragungsnetz
P.O. 8.2 [92]	Betrieb des Produktionssystems und der Übertragung
P.O. 13 [93]	Kriterien für die Planung der Übertragungsnetze innerhalb und außerhalb der Iberischen Halbinsel
P.O. 13.1 [94]	Kriterien für die Entwicklung des Übertragungsnetzes
P.O. 13.3 [95]	Übertragungsnetzeinrichtungen: Entwurfskriterien, Mindestanforderungen und Überprüfung ihrer Ausrüstung und Inbetriebnahme
P.O. 15.2 [96]	Managementdienst der Nachfrage nach Unterbrechbarkeitsdienst

Es sollte beachtet werden, dass Speichersysteme zu jedem gegebenen Zeitpunkt als Produktionseinheiten betrachtet werden können, so dass sie die Anforderungen des Systembetreibers [92] erfüllen müssen, sowie die Versorgungssicherheit [90] und Unterbrechungsfreiheit [96].

Die Hauptfunktionen des Systembetreibers sind in den OPs dargestellt, wie z. B. die Planung der Erzeugung, die Lösung technischer Beschränkungen, die Behebung von Erzeugungs-Verbrauchsabweichungen oder der ergänzende Spannungskontrolldienst des Übertragungsnetzes, in dem er die wesentliche Rolle des ESS spielen kann [92].

Es ist möglich, die vielfältige Gesetzgebung zu beobachten, die das ESS als Elemente des elektrischen Systems beeinflussen kann. Diese Gesetzgebung konzentriert sich weitgehend auf den Teil der Erzeugung und der Übertragung von Energie aus dem elektrischen System, unter Berücksichtigung des Systembetreibers (REE). Sie basieren auf den technischen und regulatorischen Aspekten, die die Beteiligung des Staates und der Gesellschaft durch öffentliche Subventionen für ihre Entwicklungsförderung ermöglichen. Die Bedeutung des Wissens um die gesetzliche Struktur und den regulatorischen Kontext im elektrischen System liegt hier, um die Einbeziehung dieser Elemente sowohl im Übertragungsnetz als auch in der Verteilung zu fördern und eine Synthese dieser Aspekte zu ermöglichen, die die Einbeziehung der SMES-Speichersysteme direkt oder indirekt beeinflussen können.

Die Verwaltung von Subventionen und Anreizen bei der Implementierung erneuerbarer Energien (und folglich der Speichersysteme) ist der Hauptfokus der

Maßnahmen, ebenso wie die Regulierung technischer Aspekte für ihre ordnungsgemäße Verbindung zum Netz.

2.4.3 Regulierung und Standardisierung

Anhang 3 zeigt die Standard UNE, die auf Herstellungsprozesse, Forschung und Entwicklung sowie auf den Betrieb und die Wartung dieser SMES-Systeme angewendet wird. Es muss berücksichtigt werden, dass diese Systeme auch Standards wie den Schutz von Verkabelungen, elektrischen Schutzsystemen und eine lange Liste, die sich auf das Speichersystem selbst konzentriert, beeinflussen können. Ein Großteil dieser Regulierung wird von den Eigenschaften, der Größe und der Anwendung des zu verwendenden Systems abhängen. Aus diesem Grund ist es notwendig, die Bauelemente und die Art des Geräts zu berücksichtigen, um diese Art der Standardisierung anwenden zu können.

2.4.4 Vergleich mit anderen Ländern

Neben der Berücksichtigung des Anpassungsgrades der ESS in den elektrischen Systemen ist es notwendig zu berücksichtigen, dass die elektrischen Netze miteinander verbunden sind und dass die Betriebsweise eines Netzes andere beeinflussen kann. Dies zeigt die Wichtigkeit, das Regulierungsniveau anderer Länder zu berücksichtigen, um die Auswirkungen der Regulierung auf die Einbeziehung dieser ESS zu sehen.

Darüber hinaus macht es die Notwendigkeit, die Vorschriften anderer Länder mit einer ähnlichen Entwicklung und Referenzen in diesem Bereich zu kennen, möglich, dass diese Vorschriften oder Teile davon an das spanische Stromsystem angepasst werden können, mit den notwendigen Änderungen und der Sicherheit ihres korrekten Betriebs.

Daher wurde das elektrische Regulierungsfeld einiger Länder überarbeitet. USA, Japan und Deutschland können für die Schaffung und Implementierung von ESS des Typs SMES hervorgehoben werden, mit unterschiedlichen Eigenschaften und Situationen. Die hergestellten Geräte, die hervorstechen können, sind:

- Chubu Electric Power Company (Japan): Material Bi-2212, Energie 1 MJ [59].
- Los Alamos Laboratorium (USA): Material NbTi, Energie 30 MJ [60].
- ACCEL Instruments GmbH (Deutschland): Material Bi-2223, Energie 150 kJ [61].

Tab. 2.14 zeigt den Vergleich dieser drei Energiemodelle mit dem Aktionsplan und der Hauptnorm. Die Tabelle konzentriert sich auf Maßnahmen, die auf der Grund-

Tab. 2.14 Vergleichstabelle USA/Japan/Deutschland [97–100]

	(USA)	(Japan)	(Deutschland)
Hauptenergiegesetz auf nationaler Ebene	Energy Policy Act von 2005 PL 109–58	Grundgesetz der Energiepolitik – 4. strategischer Plan der Energie (enerugi kihon keikaku)	Erneuerbare-Energien-Gesetz 2017
Erneuerbare Ziele	Nicht spezifiziert	3. Plan: 50 % (2030) 4. Plan: spezifiziert nicht	45 % (2025)
Finanzierung von erneuerbaren Energien	Das Gesetz bietet Kreditgarantien für die Einheiten, die innovative Technologien entwickeln oder verwenden, die den Ausstoß von Treibhausgasen verhindern	Legt fest, dass erneuerbare Energien ihren Marktanteil um 10 % dank der „Einspeisevergütung" (FIT) erhöhen werden. FIT ist eine vom Staat festgelegte Vergütung für ins Netz eingespeiste Energie	Legt die FIT als Anreizmechanismus für erneuerbare Energien fest. Die Kosten der FIT werden über die endgültige EEG-Rate auf die Nutzer umgelegt
Forschung und Entwicklung	Es fördert die Forschung und die Entwicklung neuer Elemente der Energieerzeugung und Energieeffizienz, die den Rückgang der GHG ermöglichen	Erhöhung der Finanzierung von Projekten für erneuerbare Energien und Energieeffizienz. Japan ist einer der größten Exporteure von Technologie im Energiesektor und hat ein starkes Programm für Forschung, Entwicklung und Innovation, das von der Regierung unterstützt wird	Hilfe für neue Projekte im Zusammenhang mit erneuerbaren Energien und Einrichtungen, die für den Privatgebrauch vorgesehen sind oder nicht als intensive Nutzung gelten
Anderes	In Sec. 925 wird ausdrücklich darauf hingewiesen, dass der Fokus auf Speichersystemen und Systemen der Hochtemperatur-Supraleitungsforschung liegen sollte	Die Einführung von Speichersystemen wird auf explizite Weise gefördert, indem Batterien verwendet werden, um die Versorgung und Qualität zu gewährleisten. Es bezieht sich auch auf andere Systeme der elektrischen Energiespeicherung, wie die PHS oder Brennstoffzellen	Strom, der nur für temporäre Speicherung vom Übertragungsnetz genutzt und wieder in das Netz zurückgespeist wird, ist von der Zahlung der EEG-Umlage befreit
Beispiel SMES	Los Alamos National Laboratory: Material NbTi, ENERGIE 30 MJ	Chubu Electric Power Company: Material Bi-2212, Energie 1 MJ	ACCEL Instruments GmbH: Material Bi-2223, Energie 150 kJ

lage erneuerbarer Energien und ihrer Förderung auf institutioneller Ebene zu berücksichtigen sind. Es wird im Anhang 4 detaillierter erklärt.

Abgesehen von diesen Beispielen ist auch die Pariser Klimakonferenz [101] wichtig. Sie fand im Dezember 2015 statt, auf ihr haben 195 Länder das erste verbindliche Abkommen über das globale Klima unterzeichneten. Einer der wichtigsten Punkte war sicherzustellen, dass der globale durchschnittliche Temperaturanstieg unter 2 °C über dem vorindustriellen Niveau gehalten wird. Die erneuerbaren Systeme werden eine Schlüsselrolle bei der Erreichung dieses Ziels spielen und alle Elemente beeinflussen.

2.5 Schlussfolgerungen und politische Implikationen

Angesichts der Bedeutung und des Impulses der Energieerzeugung durch erneuerbare Quellen im Energiemix werden die Elemente, die mit ihnen verbunden sind, für die korrekte Einbeziehung erneuerbarer Quellen ohne Auswirkungen auf die Versorgungsqualität von entscheidender Bedeutung.

Die Notwendigkeit, die Vorschriften zu kennen, die die Speichersysteme direkt oder indirekt beeinflussen, impliziert die potenzielle Einbeziehung dieser Elemente. Es gibt einige Gesetze in Spanien mit direkten Auswirkungen auf Speichersysteme, aber es gibt Vorschriften, die sie indirekt beeinflussen, obwohl die Beiträge von Institutionen in dieser Hinsicht in den letzten Jahren reduziert wurden. Das Fehlen einer spezifischen Gesetzgebung kann SMES-Systeme zu Ungunsten anderer ausgereifter Systeme, wie Batterien oder PHS (trotz der geographischen Einschränkungen dieser), negativ beeinflussen.

Der Aufstieg erneuerbarer Energien auf Kosten anderer weniger sauberer Energien hat die Entwicklung und Investition, sowohl öffentlich als auch privat, in Speichersysteme ermöglicht. Diese anfänglichen Investitionen und spezifischen Vorschriften sind unerlässlich, um die Wettbewerbsfähigkeit von sehr vorteilhaften Elementen, aber in einer ungünstigen kommerziellen Position, zu ermöglichen.

Ein weiterer kritischer Hebel bei der Einbeziehung eines Elements ist die wirtschaftliche Sichtweise eines Projekts. Die technologische Komplexität ergibt sich aus den Materialien und dem Kühlsystem, das die Temperatur des Spulenmaterials immer unterhalb der kritischen Temperatur halten muss. Diese Komplexität beinhaltet einige Herstellungs- und Wartungskosten von SMES-Systemen, die es schwierig machen, sie im Übertragungsnetz in Spanien anzuwenden.

Daher können die auf die Speichersysteme anwendbare Gesetzgebung und die wirtschaftliche Machbarkeit ihrer Konstruktion, Inbetriebnahme und Wartung sowie die Wechselwirkung zwischen beiden für die eventuelle Einführung in das Stromnetz ausschlaggebend sein. Die Lösung scheint offensichtlich: größere institutionelle Beteiligung an der Entwicklung und Forschung von Speichersystemen und ihren Komponenten, die die Verbesserung der technischen Fähigkeiten der Systeme zu geringeren Kosten ermöglichen. Diese Beteiligung kann nicht nur von Zuschüssen öffentlicher Institutionen kommen, sondern auch durch steuerliche

Hilfe, gemeinsame Finanzierung oder andere geeignete Formeln, die diese Entwicklung ermöglichen.

Es ist eine Tatsache, dass die Einbeziehung erneuerbarer Energiequellen und der ESS aufgrund ihrer intermittierenden und instabilen Eigenschaften große Vorteile verschiedener Art bringen kann: sozial, umweltfreundlich und wirtschaftlich. Es ist notwendig, in die Entwicklung von SMES-Systemen zu investieren, oder in hybride Systeme, die die Stärken der hohen Energiedichte der Batterien mit der hohen Leistungsdichte der SMES-Systeme kombinieren.

Anhang 1

Normative Aspekte

Alle Gemeinschaftsgesetzgebung und -regulierung muss in regulatorische Gesetze in jedem Mitgliedstaat übersetzt werden. Dies ermöglicht die Angemessenheit der Aktivität zur vorgeschlagenen der europäischen Regulierung. Die EU hat zwei Organe mit der Befugnis, bindende Entscheidungen zu treffen und die Probleme zu lösen, die die nationalen Regulierungsbehörden nicht lösen können:

- Die Agentur für die Zusammenarbeit der Energieregulierungsbehörden (ACER).
- Das Europäische Netz der Übertragungsnetzbetreiber (ENTSO-E).

Darüber hinaus ist zu beachten, dass SMES-Speichersysteme Teil des Systems zur Übertragung und Verteilung des Stroms sind. Es ist die Aufgabe des Unternehmens REE, das sich ausschließlich der Stromübertragung im spanischen Netz widmet. Dieses Unternehmen fungiert als Systembetreiber und verfügt über einige technische und instrumentelle Protokolle, die als operative Verfahren (OP) bezeichnet werden. Eine angemessene technische Verwaltung des elektrischen Netzes in und außerhalb der Iberischen Halbinsel ist gewährleistet. Diese OP werden durch Beschlüsse des Ministeriums für Industrie genehmigt, die die Einhaltung des Gesetzes garantieren sollen.

Die Untersuchung und Entwicklung der Standards liegt in der Verantwortung einer Reihe von Institutionen, die die rechtliche Befugnis zu ihrer Realisierung haben. Die ISO (Internationale Organisation für Normung) [102], ist für die ISO-Normen zuständig. Sie besteht aus 163 Normungsagenturen ihrer jeweiligen Länder.

Auf europäischer Ebene sind das Europäische Komitee für Normung (CEN) [103] und das Europäische Komitee für elektrotechnische Normung (CENELEC) [104], die für die Entwicklung der Europäischen Normen (EN) verantwortlich sind.

Der spanische Fall konzentriert sich auf die Vorschriften, die von der Spanischen Vereinigung für Normung und Zertifizierung (AENOR) erstellt wurden [105], welche die spanischen Regeln verbreitet, die mit dem Akronym UNE (eine spanische Norm) identifiziert sind. AENOR ist die spanische Vertretung in den

Anhang 1   51

internationalen Normungsorganisationen ISO und IEC, dem europäischen CEN und CENELEC und der Panamerikanischen Normungskommission (COPANT) [106].

Um die spezifische Normative bei der Herstellung und Einbeziehung der SMES-Systeme zu berücksichtigen, muss ihr Konstruktionsschema berücksichtigt werden. Ein mögliches Schema eines SMES-Speichersystems, entweder LTS oder HTS, wird in Abb. 2.7 gezeigt.

Wirtschaftliche Aspekte

In diesem Sinne ist es notwendig zu betonen, dass das erste für Experimente und kommerzielle Nutzung verwendete SMES vom Los Alamos National Laboratory (LANL) entworfen und 1982 für die Bonnevile Power Company gebaut wurde. Es war 5 Jahre in Gebrauch und wurde zur Untersuchung demontiert [60, 108].

Dieses Projekt hatte eine Energiekapazität von 30 MJ und wurde zur Stabilisierung der Leistung verwendet, da es die Oszillationen in einer 1500 km langen Übertragungsleitung dämpfte. In diesem Fall wurden die Baukosten dieses Speichersystems wie folgt verteilt:

- Supraleitende Spule, 45 %.
- Struktur, 30 %.
- Arbeitskraft, 12 %.
- Konverter, 8 %.
- Kryotechnik, 5 %.

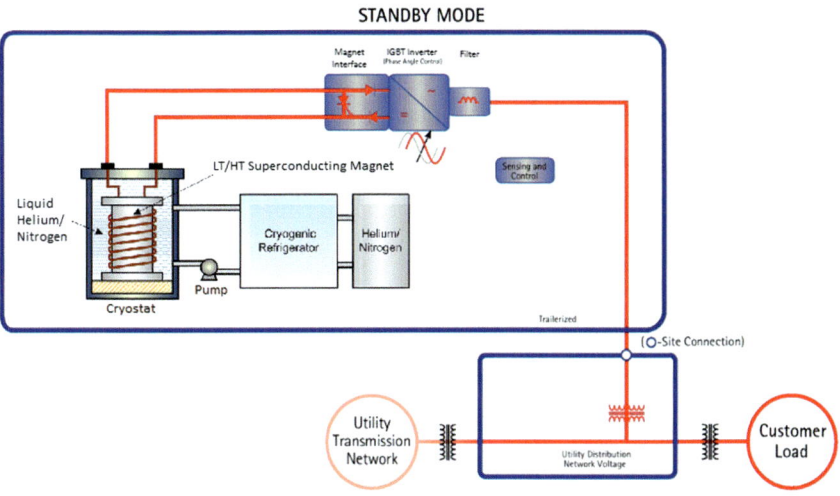

Abb. 2.7 Grundschema eines SMES-Systems [107]

Anhang 2

Tab. 2.15 zeigt eine Liste von Gesetzen, die sich auf das spanische Stromsystem beziehen und die die Implementierung, Nutzung und Entwicklung von Speichersystemen direkt oder indirekt beeinflussen.

Anhang 3

Die Hauptanwendungsstandards für den Bau und die Entwicklung, die bei einem SMES-Gerät zu berücksichtigen sind, finden sich in Tab. 2.16.

Anhang 4

Vereinigte Staaten von Amerika

In den USA sind die normativen Elemente des elektrischen Systems hierarchisch strukturiert, was impliziert, dass die Energiepolitik der Vereinigten Staaten grundsätzlich von staatlichen und bundesstaatlichen öffentlichen Einrichtungen bestimmt wird. Die Energiepolitik kann Gesetzgebung, internationale Verträge, Subventionen und Investitionsanreize, Ratschläge zur Energieeinsparung, Steuern und andere öffentliche Politiktechniken umfassen. Das Hauptgesetz im US-amerikanischen Elektrizitätssystem ist der Energy Policy Act von 2005 PL 109-58 [97], der das elektrische System reguliert. Der Rest der Regeln und Vorschriften auf Bundesebene hängt von diesem Gesetz ab.

Die Bundesbehörden sind verpflichtet, den Anordnungen der Energieverwaltung nachzukommen, die neben dem angegebenen Gesetz die folgenden Bundesgesetze umfassen:

- Executive Order 13,693 – Planung für die Bundesnachhaltigkeit im nächsten Jahrzehnt [122].
- Energy Independence and Security Act von 2007 [123].
- Executive Order 13,221 – Energieeffiziente Standby-Stromgeräte [124].
- Energy Policy Act von 1992 [125].
- National Energy Conservation Policy Act.

Japan

Die japanische Energiepolitik basiert auf dem Grundgesetz der Politik der Energie, das im Juni 2002 in Kraft trat, Gesetz Nummer 71, und es ist möglich, es durch

Tab. 2.15 Hauptspanische Gesetzgebung in Bezug auf das elektrische System

Norm	Datum	Bereich
Gesetz 54/1997 [85]	27. November 1997	Grundgesetz des spanischen Elektrizitätssektors
Real Decreto 2019/1997 [109]	26. Dezember 1997	Es organisiert und reguliert den Stromerzeugungsmarkt
Real Decreto 1955/2000 [110]	1. Dezember 2000	Regelt die Aktivitäten von Übertragung, Verteilung, Vermarktung, Versorgung und Installationen von Stromgenehmigungsverfahren
Real Decreto-Ley 6/2009 [111]	30. April 2009	Bestimmte Messungen werden im Energiesektor angenommen und die soziale Bindung wird genehmigt
Real Decreto 134/2010 [112]	12. Februar 2010	Das Verfahren zur Aufhebung von Beschränkungen durch Liefergarantien wird festgelegt und das Real Decreto 2019/1997 vom 26. Dezember, das den Markt für die Erzeugung von elektrischer Energie organisiert und reguliert, wird geändert
Real Decreto-Ley 6/2010 [113]	9. April 2010	Der Inhalt der Artikel 1, 9, 11 und 14 des Gesetzes 54/1997 vom 27. November wird im Elektrizitätssektor geändert
Real Decreto 1221/2010 [114]	1. Oktober 2010	Legt das Verfahren zur Lösung von Beschränkungen durch die Sicherheit der Versorgung fest und ändert das Real Decreto 2019 / 1997 vom 26. Dezember, das den Stromerzeugungsmarkt organisiert und reguliert
Real Decreto 1565/2010 [115]	19. November 2010	Reguliert und modifiziert bestimmte Aspekte in Bezug auf die Aktivität der Stromerzeugung im Sonderregime
Real Decreto 1614/2010 [116]	7. Dezember 2010	Reguliert und modifiziert bestimmte Aspekte in Bezug auf die Aktivität der Stromerzeugung aus solaren thermoelektrischen und Windenergietechnologien
Real Decreto-Ley 14/2010 [117]	23. Dezember 2010	Dringende Maßnahmen zur Korrektur des Tarifdefizits im Elektrizitätssektor werden festgelegt
Real Decreto 1699/2011 [118]	18. November 2011	Regelt die Verbindung zu Netzen von Produktionsanlagen für elektrische Energie von geringer Leistung
Real Decreto-Ley 1/2012 [118]	27. Januar 2012	Führt zur Aussetzung der Verfahren zur Vorabzuweisung von Entschädigungen und zur Abschaffung der wirtschaftlichen Anreize für neue Anlagen zur Erzeugung von Elektrizität aus Kraft-Wärme-Kopplung, erneuerbaren Energiequellen und Abfällen
Real Decreto-Ley 2/2013 [119]	1. Februar 2013	Dringende Maßnahmen im Elektrizitätssystem und im Finanzsektor
Real Decreto-Ley 9/2013 [120]	12. Juli 2013	Dringende Maßnahmen werden ergriffen, um die finanzielle Stabilität des elektrischen Systems zu gewährleisten
Ley 24/2013 [86]	26. Dezember 2013	Der Elektrizitätssektor

das Trilemma der "3 E" zusammenzufassen: die Energiesicherheit (Artikel 2), die Umweltnachhaltigkeit (Artikel 3) und die wirtschaftliche Effizienz (Artikel 4) [125, 126]. Das Grundgesetz legt keine quantifizierbaren Ziele fest, aber es ermächtigt die Regierung, einen strategischen Energieplan zu formulieren, der

Tab. 2.16 Hauptstandards in Bezug auf die SMES-Systeme [105]

Norm	Bereich	Europäisches Äquivalent	Internationales Äquivalent	CTN
UNE-EN 286-1:1999	Einfache Druckbehälter, die keiner Flamme ausgesetzt sind und dazu bestimmt sind, Luft oder Stickstoff zu enthalten. Teil 1: Druckbehälter für allgemeine Verwendung	EN 286-1:1998		AEN/ CTN 62
UNE-EN 286-1/A1:2003	Einfache Druckbehälter, die keiner Flamme ausgesetzt sind und dazu bestimmt sind, Luft oder Stickstoff zu enthalten. Teil 1: Druckbehälter für allgemeine Verwendung	EN 286-1:1998/ AC:2002; EN 286-1:1998/ A1:2002		AEN/ CTN 62
UNE-EN 286-1:1999/ A2:2006	Einfache Druckbehälter, die nicht der Flamme ausgesetzt sind, konzipiert zur Aufnahme von Luft oder Stickstoff. Teil 1: Druckbehälter für allgemeine Verwendung	EN 286-1:1998/ A2:2005		AEN/ CTN 62
UNE-EN 13371:2002	Kryogene Behälter. Kupplungen für kryogenen Gebrauch	EN 13371:2001		AEN/ CTN 62
UNE-EN 13275:2001	Kryogene Behälter. Pumpen für kryogenen Gebrauch	EN 13275:2000		AEN/ CTN 62
UNE-EN 1797:2002	Kryogene Behälter. Gas / Materialverträglichkeit	EN 1797:2001		AEN/ CTN 62
UNE-EN 13648-1:2009	Kryogene Behälter. Sicherheitsvorrichtungen zum Schutz gegen übermäßigen Druck. Teil 1: Sicherheitsventile für den kryogenen Dienst	EN 13648-1:2008		AEN/ CTN 62
UNE-EN 13648-2:2002	Kryogene Behälter. Sicherheitsvorrichtungen zum Schutz gegen übermäßigen Druck. Teil 2: Sicherheitsvorrichtungen mit Berstscheiben für den kryogenen Dienst	EN 13648-2:2002		AEN/ CTN 62
UNE-EN 13648-3:2003	Kryogene Behälter. Sicherheitsvorrichtungen zum Schutz gegen übermäßigen Druck. Teil 3: Bestimmung der erforderlichen Entladung. Kapazität und Dimensionierung	EN 13648-3:2002		AEN/ CTN 62
UNE-EN 13530-1:2002	Kryogene Behälter Große transportable Behälter, die im Vakuum isoliert sind. Teil 1: Grundlegende Anforderungen	EN 13530-1:2002		AEN/ CTN 62
UNE-EN 13530-2:2003	Kryogene Behälter Große transportable Behälter, die im Vakuum isoliert sind. Teil 2: Entwurf, Fertigung, Inspektion und Prüfung	EN 13530-2:2002		AEN/ CTN 62

(Fortsetzung)

Tab. 2.16 (Fortsetzung)

Norm	Bereich	Europäisches Äquivalent	Internationales Äquivalent	CTN
UNE-EN 13530-2:2003/ AC:2007	Kryogene Behälter Große transportable Behälter, die im Vakuum isoliert sind. Teil 2: Entwurf, Fertigung, Inspektion und Prüfung	EN 13530-2:2002/ AC:2006		AEN/ CTN 62
UNE-EN 13530-2/ A1:2004	Kryogene Behälter Große transportable Behälter, die im Vakuum isoliert sind. Teil 2: Entwurf, Fertigung, Inspektion und Prüfung	EN 13530-2:2002/ A1:2004		AEN/ CTN 62
UNE-EN 13530-3:2002/ A1:2005	Kryogene Behälter Große transportable Behälter, die im Vakuum isoliert sind. Teil 3: Betriebsanforderungen	EN 13530-3:2002/ A1:2005		AEN/ CTN 62
UNE-EN 13530-3:2002	Kryogene Behälter Große transportable Behälter, die im Vakuum isoliert sind. Teil 3: Betriebsanforderungen	EN 13530-3:2002		AEN/ CTN 62
UNE-EN 14398-1:2004	Kryogene Behälter Große transportable Behälter nicht isoliert im Vakuum. Teil 1: Grundlegende Anforderungen	EN 14398-1:2003		AEN/ CTN 62
UNE-EN 14398-2: 2004+A2:2008	Kryogene Behälter Große transportable Behälter nicht isoliert im Vakuum. Teil 2: Entwurf, Fertigung, Inspektion und Prüfung	EN 14398-2: 2003+A2: 2008		AEN/ CTN 62
UNE-EN 14398-3:2004	Kryogene Behälter Große transportable Behälter nicht isoliert im Vakuum. Teil 3: Betriebsanforderungen	EN 14398-3:2003		AEN/ CTN 62
UNE-EN 14398-3:2004/ A1:2005	Kryogene Behälter Große transportable Behälter nicht isoliert im Vakuum. Teil 3: Betriebsanforderungen	EN 14398-3:2003/ A1:2005		AEN/ CTN 62
UNE-EN 12300:1999	Kryogene Behälter. Reinigung für kryogenen Service	EN 12300:1998		AEN/ CTN 62
UNE-EN 12300:1999/ A1:2006	Kryogene Behälter Reinigung für kryogenen Service	EN 12300:1998/ A1:2006		AEN/ CTN 62
UNE-EN 12434:2001	Kryogene Behälter. Kryogene flexible Schläuche	EN 12434:2000; EN 12434:2000/ AC:2001		AEN/ CTN 62
UNE-EN 1252-1:1998	Kryogene Behälter. Materialien. Teil 1: Anforderungen an die Zähigkeit bei Temperaturen unter −80 °C	EN 1252-1:1998		AEN/ CTN 62

(Fortsetzung)

Tab 2.16 (Fortsetzung)

Norm	Bereich	Europäisches Äquivalent	Internationales Äquivalent	CTN
UNE-EN 1252-1/ AC:1999	Kryogene Behälter. Materialien. Teil 1: Anforderungen an die Zähigkeit bei Temperaturen unter −80 °C	EN 1252-1:1998/ AC:1998		AEN/ CTN 62
UNE-EN 1252-2:2002	Kryogene Behälter. Materialien. Teil 2: Anforderungen an die Zähigkeit bei Temperaturen zwischen −80 °C und −20 °C	EN 1252-2:2001		AEN/ CTN 62
UNE-EN 12213:1999	Kryogene Behälter. Bewertungsmethoden der Ausbeute der Isolation	EN 12213:1998		AEN/ CTN 62
UNE-EN 13458-1:2002	Kryogene Behälter. Statisch vakuumisolierte Behälter. Teil 1: Grundlegende Anforderungen	EN 13458-1:2002		AEN/ CTN 62
UNE-EN 13458-2:2003	Kryogene Behälter Statisch vakuumisolierte Behälter. Teil 2: Entwurf, Fertigung, Inspektion und Prüfung	EN 13458-2:2002		AEN/ CTN 62
UNE-EN 13458-2:2003/ AC:2007	Kryogene Behälter Statisch vakuumisolierte Behälter.. Teil 2: Entwurf, Fertigung, Inspektion und Prüfung	EN 13458-2:2002/ AC:2006		AEN/ CTN 62
UNE-EN 13458-3:2003	Kryogene Behälter Statisch vakuumisolierte Behälter. Teil 3: Betriebsanforderungen	EN 13458-3:2003		AEN/ CTN 62
UNE-EN 13458-3:2003/ A1:2005	Kryogene Behälter Statisch vakuumisolierte Behälter. Teil 3: Betriebsanforderungen	EN 13458-3:2003/ A1:2005		AEN/ CTN 62
UNE-EN 14197-1:2004	Kryogene Behälter Statische nicht vakuumisolierte Behälter Teil 1: Grundlegende Anforderungen	EN 14197-1:2003		AEN/ CTN 62
UNE-EN 14197-2:2004/ A1:2006	Kryogene Behälter Statische nicht-vakuumisolierte Behälter. Teil 2: Entwurf, Fertigung, Inspektion und Prüfung	EN 14197-2:2003/ A1:2006		AEN/ CTN 62
UNE-EN 14197-2:2004	Kryogene Behälter. Statische nicht-vakuumisolierte Behälter. Teil 2: Entwurf, Fertigung, Inspektion und Prüfung	EN 14197-2:2003		AEN/ CTN 62
UNE-EN 14197-2:2004/ AC:2007	Kryogene Behälter. Statische nicht-vakuumisolierte Behälter. Teil 2: Entwurf, Fertigung, Inspektion und Prüfung	EN 14197-2:2003/ AC:2006		AEN/ CTN 62
UNE-EN 14197-3/ AC:2004	Kryogene Behälter. Statische nicht-vakuumisolierte Behälter. Teil 3: Betriebsanforderungen	EN 14197-3:2004/ AC:2004		AEN/ CTN 62

(Fortsetzung)

Tab 2.16 (Fortsetzung)

Norm	Bereich	Europäisches Äquivalent	Internationales Äquivalent	CTN
UNE-EN 14197-3:2004	Kryogene Behälter Statische nicht-vakuumisolierte Behälter. Teil 3: Betriebsanforderungen	EN 14197-3:2004		AEN/ CTN 62
UNE-EN 14197-3:2004/ A1:2005	Kryogene Behälter. Statische nicht-vakuumisolierte Behälter. Teil 3: Betriebsanforderungen	DE 14,197-3:2004/ A1:2005		AEN/ CTN 62
UNE-EN 1251-1:2001	Kryogene Behälter Tragbare Behälter vakuumisoliert, nicht mehr als 1000 L Volumen. Teil 1: Grundlegende Anforderungen	EN 1251-1:2000		AEN/ CTN 62
UNE-EN 1251-2:2001	Kryogene Behälter Tragbare Behälter vakuumisoliert, nicht mehr als 1000 L Volumen. Teil 2: Entwurf, Fertigung, Inspektion und Prüfung	EN 1251-2:2000		AEN/ CTN 62
UNE-EN 1251-2:2001/ AC:2007	Kryogene Behälter Tragbare Behälter vakuumisoliert, nicht mehr als 1000 L Volumen. Teil 2: Entwurf, Fertigung, Inspektion und Prüfung	EN 1251-2:2000/ AC:2006		AEN/ CTN 62
UNE-EN ISO 21029-2:2016	Kryogene Behälter Tragbare Behälter vakuumisoliert, nicht mehr als 1000 L Volumen. Teil 2: Betriebsanforderungen	EN ISO 21029-2:2015	ISO 21029-2:2015	AEN/ CTN 62
UNE-EN 1626:2009	Kryogene Behälter. Ventile für kryogene Dienstleistungen	EN 1626:2008		AEN/ CTN 62
UNE-EN 61788-1:2007	Supraleitung Teil 1: Messung des kritischen Stroms. Kontinuierlicher kritischer Strom von Supraleitern bestehend aus dem Typ Cu/Nb-Ti (Von AENOR im April 2007 bestätigt)	EN 61788-1:2007	IEC 61788-1:2006	AEN/ CTN 206
UNE-EN 61788-10:2007	Supraleitung Teil 10: Messung der kritischen Temperatur. Kritische Temperatur der Supraleiter, zusammengesetzt durch eine Methode des Widerstands	EN 61788-10:2006	IEC 61788-10:2006	AEN/ CTN 206
UNE-EN 61788-11:2011	Supraleitung Teil 11: Messung des Verhältnisses des Restwiderstands. Verhältnis des Restwiderstands von zusammengesetzten Supraleitern aus Nb_3Sn. (Von AENOR im November 2011 ratifiziert)	DE 61788-11:2011	IEC 61788-11:2011	AEN/ CTN 206

(Fortsetzung)

Tab 2.16 (Fortsetzung)

Norm	Bereich	Europäisches Äquivalent	Internationales Äquivalent	CTN
UNE-EN 61788-12:2004	Supraleitung Teil 12: Messung der Beziehung zwischen Matrix- und Supraleitervolumen. Beziehung zwischen den Volumen von Kupfer und dem Rest der Fäden zusammengesetzter Supraleiter aus Nb_3Sn	EN 61788-12:2002	IEC 61788-12:2002	AEN/CTN 206
UNE-EN 61788-12:2013	Supraleitung Teil 12: Messung des Verhältnisses zwischen Matrix- und Supraleitervolumen. Verhältnis zwischen den Volumina von Kupfer und dem Rest der Fadensupraleiterverbindungen von Nb_3Sn. (Von AENOR im November 2013 bestätigt)	DE 61788-12:2013	IEC 61788-12:2013	AEN/CTN 206
UNE-EN 61788-13:2012	Supraleitung Teil 13: Messung von Verlusten im Wechselstrom. Messmethoden für Hystereseverluste in Magnetometerverbindungen in supraleitenden Multifilamenten (Von AENOR im November 2012 ratifiziert)	EN 61788-13:2012	IEC 61788-13:2012	AEN/CTN 206
UNE-EN 61788-14:2010	Supraleitung Teil 14: Supraleiter von Leistungsgeräten. Allgemeine Anforderungen an die Prüfung der Charakterisierung der Stromkabel, die zur Versorgung der Supraleitergeräte konzipiert sind (Von AENOR im November 2010 ratifiziert)	EN 61788-14:2010	IEC 61788-14:2010	AEN/CTN 206
UNE-EN 61788-15:2011	Supraleitung. Teil 15: Messung der elektronischen Eigenschaften. Impedanz der intrinsischen Oberfläche von supraleitenden Filmen bei Mikrowellenfrequenzen. (Von AENOR im März 2012 ratifiziert)	DE 61788-15:2011	IEC 61788-15:2011	AEN/CTN 206
UNE-EN 61788-16:2013	Supraleitung Teil 16: Maßnahmen zur elektronischen Charakterisierung. Oberflächenwiderstand abhängig von der Leistung von Supraleitern bei Mikrowellenfrequenzen (Von AENOR im Mai 2013 ratifiziert)	EN 61788-16:2013	IEC 61788-16:2013	AEN/CTN 206
UNE-EN 61788-17:2013	Supraleitung Teil 17: Messungen der elektronischen Eigenschaften. Lokale kritische Stromdichte und ihre Verteilung in supraleitenden Filmen großer Oberfläche. (Von AENOR im Mai 2013 ratifiziert)	DE 61788-17:2013	IEC 61788-17:2013	AEN/CTN 206

(Fortsetzung)

Tab 2.16 (Fortsetzung)

Norm	Bereich	Europäisches Äquivalent	Internationales Äquivalent	CTN
UNE-EN 61788-18:2013	Supraleitung Teil 18: Messung der mechanischen Eigenschaften. Zugversuch bei Umgebungstemperatur Supraleiterverbindungen von BI-2223 und BI-2212 mit Silberüberzug. (Von AENOR im Januar 2014 ratifiziert)	EN 61788-18:2013	IEC 61788-18:2013	AEN/CTN 206
UNE-EN 61788-19:2014	Supraleitung Teil 19: Messung der mechanischen Eigenschaften. Zugversuch bei Umgebungstemperatur von Supraleitern aus Nb3Sn in Reaktion (Von AENOR im März 2014 ratifiziert)	EN 61788-19:2014	IEC 61788-19:2013	AEN/CTN 206
UNE-EN 61788-2:2007	Supraleitung Teil 2: Messung des kritischen Stroms. Kontinuierlicher kritischer Strom von Supraleitern der Nb_3Sn-Typ Verbindung (Von AENOR im April 2007 ratifiziert)	EN 61788-2:2007	IEC 61788-2:2006	AEN/CTN 206
UNE-EN 61788-21:2015	Supraleitung. Teil 21: Supraleitende Drähte. Testmethoden für den praktischen Einsatz von supraleitenden Drähten. Richtlinien und allgemeine Eigenschaften (Von AENOR im August 2015 ratifiziert)	EN 61788-21:2015	IEC 61788-21:2015	AEN/CTN 206
UNE-EN 61788-3:2006	Supraleitung Teil 3: Messung des kritischen Stroms. Kontinuierlicher kritischer Strom von Supraleitern Oxiden von Bi-2212 und Bi-2223 mit Silberüberzug (Von AENOR im November 2006 bestätigt)	EN 61788-3:2006	IEC 61788-3:2006	AEN/CTN 206
UNE-EN 61788-4:2016	Supraleitung. Teil 4: Messung des Restwiderstandsverhältnisses. Beziehung der Reststärke von Supraleitern, die aus Nb-Ti und Nb_3Sn bestehen. (Von AENOR im Mai 2016 ratifiziert)	EN 61788-4:2016	IEC 61788-4:2016	AEN/CTN 206
UNE-EN 61788-4:2011	Supraleitung. Teil 4: Messung des Restwiderstandsverhältnisses. Beziehung der Reststärke von Supraleitern, die aus Nb-Ti bestehen. (Von AENOR im November 2011 ratifiziert)	EN 61788-4:2011	IEC 61788-4:2011	AEN/CTN 206

(Fortsetzung)

Tab 2.16 (Fortsetzung)

Norm	Bereich	Europäisches Äquivalent	Internationales Äquivalent	CTN
UNE-EN 61788-5:2013	Supraleitung Teil 5: Messung des Verhältnisses zwischen Matrix- und Supraleitervolumen. Verhältnis zwischen den Volumina von Kupfer und von Supraleiterkabeln aus Cu/Nb-Ti. (Von AENOR im Oktober 2013 ratifiziert)	EN 61788-5:2013	IEC 61788-5:2013	AEN/CTN 206
UNE-EN 61788-5:2002	Supraleitung Teil 5: Messung der Beziehung zwischen Matrix- und Supraleitervolumen. Beziehung zwischen den Volumina von Kupfer und von Supraleiterkabeln aus Cu/Nb-Ti-Verbindung	EN 61788-5:2001	IEC 61788-5:2000	AEN/CTN 206
UNE-EN 61788-6:2011	Supraleitung Teil 6: Messung der mechanischen Eigenschaften. Zugversuch bei Umgebungstemperatur von Supraleiterverbindungen aus Cu/Nb-Ti. (Von AENOR im November 2011 ratifiziert)	EN 61788-6:2011	IEC 61788-6:2011	AEN/CTN 206
UNE-EN 61788-7:2006	Supraleitung Teil 7: Messung der elektronischen Eigenschaften. Oberflächenwiderstand von Supraleitern bei Mikrowellenfrequenzen. (Von AENOR im April 2007 ratifiziert)	EN 61788-7:2006	IEC 61788-7:2006	AEN/CTN 206
UNE-EN 61788-8:2010	Supraleitung Teil 8: Messungen von Verlusten im Wechselstrom. Messung durch Detektionsspulen von Gesamtverlusten im Wechselstrom der Supraleiterdrähte mit kreisförmigem Querschnitt, die einem magnetischen transversalen Wechselfeld ausgesetzt sind, ausgehend von der Temperatur von flüssigem Helium. (Von AENOR im März 2011 ratifiziert)	EN 61788-8:2010	IEC 61788-8:2010	AEN/CTN 206
UNE-EN 61788-9:2005	Supraleitung Teil 9: Maßnahmen für feste Hochtemperatursupraleiter. Dichte des Restflusses von Oxidsupraleitern mit grobkörniger Struktur. (Von AENOR im November 2005 ratifiziert)	EN 61788-9:2005	IEC 61788-9:2005	AEN/CTN 206
UNE 21302-815:2001	Elektrotechnischer Wortschatz. Kapitel 815. Supraleitfähigkeit		IEC 60050-815:2000	AEN/CTN 191
UNE 21302-482:2005	Elektrotechnischer Wortschatz. Teil 482: Batterien und elektrische Akkumulatoren		IEC 60050-482:2004	AEN/CTN 191

Maßnahmen fördert, um eine Energieversorgung zu gewährleisten, die die Bedürfnisse der Nachfrage befriedigt.

Der erste strategische Energieplan stammt aus dem Jahr 2003 und wurde seitdem bei drei Gelegenheiten überprüft: 2007, 2010 und 2014.

Mit dem Dritten Strategischen Energieplan waren wirtschaftliche Effizienz und Energiesicherheit dem „E" der Umwelt (Environment) untergeordnet. Dieser Plan unterstützte die Prognosen aus einem Energiemix, in dem die Kernenergie (in der Qualität sauberer, effizienter und wirtschaftlicher Energie) dazu aufgerufen war, eine führende Rolle zu spielen, und erneuerbare Energien würden sie ergänzen.

Dieser Plan war zu Beginn des Jahres 2011 gültig, zum Zeitpunkt des Fukushima Atomunfalls. Nach dem Unfall von Fukushima nahm die Regierung jedoch eine radikale Wende vor, um das vollständige Aufgeben des Atomenergiemodells anzustreben. Diese Rotation materialisiert sich in der Innovativen Strategie für Energie und Umwelt von 2012.

Die Innovative Strategie zielte darauf ab, die Abhängigkeit von sowohl Kernenergie als auch fossilen Brennstoffen zu reduzieren, die „grüne Energie" zu maximieren und die Energieeffizienz und erneuerbare Energien zu verbessern. Die neue Strategie überprüfte auch die Ziele für CO_2-Emissionen für 2030.

Ein Weißbuch über Energie 2013 wurde im Juni 2014 veröffentlicht, vorausgegangen im März 2014 vom vierten strategischen Plan für Energie [98] (enerugi kihon keikaku) mit einem Horizont von 2030, ohne den zukünftigen Energiemix in Japan zu spezifizieren.

In Bezug auf die Leitlinien des vierten strategischen Energieplans zielt die neue Energiepolitik Japans darauf ab, die Kosten für die Erzeugung und den Kauf von Primärenergie, die Verteilung und den Verbrauch gleichzeitig zu senken, um den Weg für die Rückkehr der Kernenergie zu ebnen.

Deutschland

Deutschland befindet sich im gleichen Status wie Spanien, es muss die Gemeinschaftsverordnung des Europäischen Parlaments erfüllen. Darüber hinaus hat es eine hierarchische Gesetzgebungsstruktur, in der die erste Ebene die Bundesregierung ist, gefolgt von den 16 Bundesländern, die Deutschland bilden, auch Länder oder Bundesländer genannt, sowie Unterteilungen dieser.

Auf Bundesebene trat das Gesetz zur Stromversorgung (Stromeinspeisungsgesetz) 1991 in Kraft [127]. Zum ersten Mal wurde die Verpflichtung der großen Elektrizitätsunternehmen geregelt, elektrischen Strom zu kaufen, der mit erneuerbaren Umwandlungsprozessen erzeugt wurde, und sie müssen dafür zu zuvor festgelegten Tarifen bezahlen. Dies erleichtert den Zugang von „grünem Strom" zu den Netzen erheblich [99].

Im Jahr 2000 trat das Gesetz für erneuerbare Energien (EEG) in Kraft. Mit dem EEG wird die Priorität von Strom aus erneuerbaren Energiequellen und die Anbindung an das Netz verankert. Das EEG wird von da an zum Motor für die Entwicklung erneuerbarer Energien, unter anderem aufgrund des regulatorischen Rahmens. Seit dem Jahr 2000 wurde das EEG bereits mehreren Änderungen unterzogen: EEG 2004, EEG 2009, EEG 2012 und EEG 2014.

Es ist in dieser letzten Reform des Gesetzes [100], dass es beabsichtigt ist, die Energiekapazität zu erhöhen. Erneuerbare Energien und umgewandelte Energiespeicherung sind ein Schlüsselaspekt für die Zukunft. Das Hauptziel ist es, die Probleme der Schwankungen auszugleichen, die die erneuerbaren Energien im elektrischen System verursacht haben.

Die deutschen Behörden haben sich für die Speicherung von Wasser durch Pumpen als Lösung für die Energiespeicherung entschieden. Aber die Forschung und Entwicklung neuer ESS, wie Hybrid-Systeme, haben für die Entwicklung des deutschen Elektrizitätssystems zugenommen.

Teil der genannten Änderungen, die Reform des Gesetzes über erneuerbare Energien, genannt EEG 2017, trat am 1. Januar 2017 in Kraft. Mit dieser Reform wird die Prämie nicht vom Staat festgelegt, sondern durch Marktauktionen, die von der Art der erneuerbaren Energie abhängen, wobei für jede ein jährlicher Betrag festgelegt wird. Ziel ist es, den Anteil der erneuerbaren Energien von den derzeit 33 % auf 40–45 % im Jahr 2025 und auf 55–60 % im Jahr 2035 zu erhöhen.

Literatur

1. Peck P, Parker T (2016) The 'sustainable energy concept' e making sense of norms and co-evolution within a large research facility's energy strategy. J Clean Prod 123:137–154
2. Shivarama-Krishna K, Sathish KK (2015) A review on hybrid renewable energy systems. Renew Sustain Energy Rev 52:907–916
3. Aneke M, Wang M (2016) Energy storage technologies and real life applications – a state of the art review. Appl Energy 179:350–377
4. Global EV Outlook (2015) IEA, Paris. https://www.iea.org/. Zugegriffen: 5 Jul 2017
5. Global Energy Storage Database (2017) Sandia National Laboratories. http://www.energystorageexchange.org/. Accedido 05 Jul 2017
6. El Sistema Eléctrico Español, Informe 2015. Red Eléctrica de España (REE). http://www.ree.es/es/estadisticas-del-sistema-electrico-espanol/informe-anual/informe-del-sistema-electrico-espanol-2015. Zugegriffen: 5 Jul 2017
7. Palizban O, Kauhaniemi K (2016) Energy storage systems in modern grids – matrix of technologies and applications. J Energy Storage 6:248–259
8. Kousksou T, Bruel P, Jamil A, El Rhafiki T, Zeraouli Y (2014) Energy storage: applications and challenges. Sol Energy Mater Sol Cells 120:59–80
9. Li Y, Li Y, Ji P, Yang J (2015) Development of energy storage industry in China: a technical and economic point of review. Renew Sustain Energy Rev 49:805–812
10. Zhu J et al (2013) Design, dynamic simulation and construction of a hybrid HTS SMES (high-temperature superconducting magnetic energy storage systems) for Chinese power grid. Energy 51:184–192
11. Saboori H, Hemmati R, Jirdehi MA (2015) Reliability improvement in radial electrical distribution network by optimal planning of energy storage systems. Energy 93:2299–2312
12. Ould-Amrouche S, Rekioua D, Rekioua T, Bacha S (2016) Overview of energy storage in renewable energy systems. Int J Hydrog Energy 45:20914–20927
13. Jin JX, Chen XY (2012) Study on the SMES application solutions for smart grid. Phys Procedia 36:902–907

14. Aly MM, Abdel-Akher M, Said SM, Senjyu T (2016) A developed control strategy for mitigating wind power generation transients using superconducting magnetic energy storage with reactive power support. Electr Power Energy Syst 83:485–494
15. Farhadi-Kangarlu M, Alizadeh-Pahlavani MR (2014) Cascaded multilevel converter based superconducting magnetic energy storage system for frequency control. Energy 70:504–513
16. Zhu J et al (2015) Experimental demonstration and application planning of high temperature superconducting energy storage system for renewable power grids. Appl Energy 137:692–698
17. Hasan NS, Hasan MY, Majid MS, Rahman HA (2013) Review of storage schemes for wind energy systems. Renew Sustain Energy Rev 21:237–247
18. Hirano N, Watanabe T, Nagaya S (2016) Development of cooling technologies for SMES. Cryogenics 80:210–214
19. Dargahi V, Sadigh AK, Pahlavani MRA, Shoulaie A (2012) DC (direct current) voltage source reduction in stacked multicell converter based energy systems. Energy 46:649–663
20. Tan X, Li Q, Wang H (2013) Advances and trends of energy storage technology in microgrid. Electr Power Energy Syst 44:179–191
21. Mariam L, Basu M, Conlon MF (2016) Microgrid: architecture, policy and future trends. Renew Sustain Energy Rev 64:477–489
22. Colmenar-Santos A, Linares-Mena AR, Velazquez JF, Borge-Diez D (2016) Energy-efficient three-phase bidirectional converter for grid-connected storage applications. Energy Convers Manag 127:599–611
23. Castillo A, Gayme DF (2014) Grid-scale energy storage applications in renewable energy integration: a survey. Energy Convers Manag 87:885–894
24. Luo X, Wang J, Dooner M, Clarke J (2015) Overview of current development in electrical energy storage technologies and the application potential in power system operation. Appl Energy 137:511–536
25. Zheng M, Meinrenken CJ, Lackner KS (2015) Smart households: dispatch strategies and economic analysis of distributed energy storage for residential peak shaving. Appl Energy 147:246–257
26. Chatzivasileiadi A, Ampatzi E, Knight I (2013) Characteristics of electrical energy storage technologies and their applications in buildings. Renew Sustain Energy Rev 25:814–830
27. Ferreira HL, Garde R, Fulli G, Kling W, Lopes JP (2013) Characterisation of electrical energy storage technologies. Energy 53:288–298
28. Evans A, Strezov V, Evans TJ (2012) Assessment of utility energy storage options for increased renewable energy penetration. Renew Sustain Energy Rev 16:4141–4147
29. Rodrigues EMG et al (2014) Energy storage systems supporting increased penetration of renewables in islanded systems. Energy 75:265–280
30. Ren L et al (2013) Techno-economic evaluation of hybrid energy storage technologies for a solar–wind generation system. Physica C 484:272–275
31. Gaudard L, Romerio F (2014) Reprint of "the future of hydropower in Europe: interconnecting climate, markets and policies." Environ Sci Policy 37:172–181
32. Gallo AB, Simoes-Moreira JR, Costa HKM, Santos MM, Moutinho-dos-Santos E (2016) Energy storage in the energy transition context: a technology review. Renew Sustain Energy Rev 65:800–822
33. Lund PD, Lindgren J, Mikkola J, Salpakari J (2015) Review of energy system flexibility measures to enable high levels of variable renewable electricity. Renew Sustain Energy Rev 45:785–807
34. Hemmati R, Saboori H (2016) Emergence of hybrid energy storage systems in renewable energy and transport applications – a review. Renew Sustain Energy Rev 65:11–23
35. Solomon AA, Faiman D, Meron G (2012) Appropriate storage for high-penetration grid-connected photovoltaic plants. Energy Policy 40:335–344
36. Theo WL et al (2016) An MILP model for cost-optimal planning of an on-grid hybrid power system for an eco-industrial park. Energy 116:1423–1441

37. Planas E, Andreu J, Gárate JI, Martinez-de-Alegría I, Ibarra E (2015) AC and DC technology in microgrids: a review. Renew Sustain Energy Rev 43:726–749
38. Mahlia TMI, Saktisahdan TJ, Jannifar A, Hasan MH, Matseelar HSC (2014) A review of available methods and development on energy storage; technology update. Renew Sustain Energy Rev 33:532–545
39. Yang J, Liu W, Liu P (2014) Application of SMES unit in black start. Phys Proc 58:277–281
40. Selvaraju RK, Somaskandan G (2016) Impact of energy storage units on load frequency control of deregulated power systems. Energy 97:214–228
41. Koohi-Kamali S et al (2013) Emergence of energy storage technologies as the solution for reliable operation of smart power systems: a review. Renew Sustain Energy Rev 25:135–165
42. Kyriakopoulos GL, Arabatzis G (2016) Electrical energy storage systems in electricity generation: energy policies, innovative technologies, and regulatory regimes. Renew Sustain Energy Rev 56:1044–1067
43. Tuya-Merino M (2017) Simulación eléctrica de líneas ferroviarias electrificadas para el diseño de un sistema de almacenamiento de energía para la recarga de vehículos eléctricos. Escuela Ingenierías Industriales, Depto. Ingeniería Energética y Fluidomecánica. http://uvadoc.uva.es/handle/10324/13760. Zugegriffen: 5 Jul 2017
44. La Energía en España (2014) Ministerio de Industria, Energía y Turismo, Secretaria General Técnica. http://www.minetad.gob.es/energia/balances/Balances/LibrosEnergia/La_Energ%C3%ADa_2014.pdf. Zugegriffen: 5 Jul 2017
45. Official website of the European Union. https://europa.eu/european-union/law/legal-acts_en. Zugegriffen: 5 Jul 2017
46. Constitución española Título III. De las Cortes Generales. Capítulo segundo. De la elaboración de las leyes. http://www.congreso.es/consti/constitucion/indice/titulos/articulos.jsp?Ini=81&fin=92&tipo=2. Zugegriffen: 5 Jul 2017
47. Constitución española Título III. De las Cortes Generales. Sinopsis artículo 81. http://www.congreso.es/consti/constitucion/indice/sinopsis/sinopsis.jsp?Art=81&tipo=2. Zugegriffen: 5 Jul 2017
48. Yan X, Zhang X, Chen H, Xu Y, Tan C (2014) Techno-economic and social analysis of energy storage for commercial buildings. Energy Convers Manag 78:125–136
49. Bradbury K, Pratson L, Patiño-Echeverri D (2014) Economic viability of energy storage systems based on price arbitrage potential in real-time U.S. electricity markets. Appl Energy 114:512–9
50. Spataru C, Kok YC, Barrett M, Sweetnam T (2015) Techno-economic assessment for optimal energy storage mix. Energy Proc 83:515–524
51. Landry M, Gagnon Y (2015) Energy storage: technology applications and policy options. Energy Proc 79:315–320
52. Sundararagavan S, Baker E (2012) Evaluating energy storage technologies for wind power integration. Sol Energy 86:2707–2717
53. Zheng M, Meinrenken CJ, Lackner KS (2014) Agent-based model for electricity consumption and storage to evaluate economic viability of tariff arbitrage for residential sector demand response. Appl Energy 126:297–306
54. Leou R-C (2012) An economic analysis model for the energy storage system applied to a distribution substation. Electr Power Energy Syst 34:132–137
55. Han P, Wu Y, Liu H, Li L, Yang H (2015) Structural design and analysis of a 150 kJ HTS SMES cryogenic system. Phys Proc 67:360–366
56. Jin JX (2014) Emerging SMES technology into energy storage systems and smart grid applications, S 77–125
57. Vasquez S, Lukic SM, Galvan E, Franquelo LG, Carrasco JM (2010) Energy storage systems for transport and grid applications. IEEE Trans Ind Electron 12:3881–3895
58. Li J, Gee AM, Zhang M, Yuan W (2015) Analysis of battery lifetime extension in a SMES battery hybrid energy storage system using a novel battery lifetime model. Energy 86:175–185

Literatur

59. Nagaya S et al (2004) Development of MJ-class HTS SMES for bridging instantaneous voltage dips. IEEE Trans Appl Supercond 2:770–773
60. Rogers JD, Schermer RI, Miller BL, Hauer JF (1983) 30-MJ superconducting magnetic energy storage system for electric utility transmission stabilization. Proc IEEE 9:1099–1107
61. Kreutz R et al (2003) Design of a 150 kJ high-Tc SMES (HSMES) for a 20 kVA uninterruptible power supply system. IEEE Trans Appl Supercond 2:1860–1862
62. Zakeri B, Syri S (2015) Electrical energy storage systems: a comparative life cycle cost analysis. Renew Sustain Energy Rev 42:569–596
63. Akinyele DO, Rayudu RK (2014) Review of energy storage technologies for sustainable power networks. Sustain Energy Technol Assess 8:74–91
64. Mahto T, Mukherjee V (2015) Energy storage systems for mitigating the variability of isolated hybrid power system. Renew Sustain Energy Rev 51:1564–1577
65. Spataru C, Kok YC, Barrett M (2014) Physical energy storage employed worldwide. Energy Procedia 62:452–461
66. Energy Storage Trends and Opportunities in Emerging Markets (2017) ESMAP, IFC. http://www.ifc.org/wps/wcm/connect/ed6f9f7f-f197-4915-8ab6-56b92d50865d/7151-IFC-EnergyStorage-report.pdf?MOD=AJPERES. Zugegriffen: 5 Jul 2017
67. Resumen del Presupuesto General Consolidado (2016) Zaragoza. http://www.zaragoza.es/ciudad/encasa/hacienda/presupuestos/presupuestos.htm. Zugegriffen: 5 Jul 2017
68. Informe de responsabilidad corporativa, Resumen 2015. REE; 2016. http://www.ree.es/es/publicaciones/informe-anual-2015. Zugegriffen: 5 Jul 2017
69. Acuerdo por el que se remite a la Secretaría de Estado de Energía la propuesta motivada de la cuantía a percibir por cada empresa distribuidora sobre el incentivo o penalización par la reducción de pérdidas en la red de distribución de energía eléctrica para el año. Comisión Nacional de los Mercados y Competencia (CNMC); 2016. https://www.cnmc.es/sites/default/files/1553612.pdf. Zugegriffen: 5 Jul 2017
70. Ministerio de Energía, Turismo y Agenda Digital. http://www.minetad.gob.es/es-ES/Paginas/index.aspx. Zugegriffen: 5 Jul 2017
71. Estadísticas del Sistema Eléctrico. Series estadísticas del sistema eléctrico español; 2017. http://www.ree.es/es/estadisticas-del-sistema-electrico-espanol/indicadores-acionales/series-estadisticas. Zugegriffen: 5 Jul 2017
72. Europea Comisión, Estrategia 2020. http://ec.europa.eu/europe2020/index_en.htm. Zugegriffen: 5 Jul 2017
73. Resolución del Parlamento Europeo, de 5 de febrero de 2014, sobre un marco paralas políticas de clima y energía en 2030. http://www.europarl.europa.eu/sides/getDoc.do?PubRef=-//EP//TEXT+TA+P7-TA-2014-0094+0+DOC+XML+V0//ES. Zugegriffen: 5 Jul 2017
74. Resolución del Parlamento Europeo, de 14 de marzo de 2013, sobre la Hoja de Ruta de la Energía para 2050, un futuro con energía. http://www.europarl.europa.eu/sides/getDoc.do?PubRef=-//EP//TEXT+TA+P7-TA-2013-0088+0+DOC+XML+V0//ES. Zugegriffen: 5 Jul 2017
75. Resolución del Parlamento Europeo, de 21 de mayo de 2013, sobre los desafíos y oportunidades actuales para las energías renovables en el mercado interior europeo de la energía. http://www.europarl.europa.eu/sides/getDoc.do?PubRef=-//EP//TEXT+TA+P7-TA-2013-0201+0+DOC+XML+V0//ES. Zugegriffen: 5 Jul 2017
76. Resolución del Parlamento Europeo, de 25 de noviembre de 2010, sobre una nueva estrategia energética para Europa 2011–2020 (DO C 99 E de 3.4.2012, p. 64). http://www.europarl.europa.eu/sides/getDoc.do?PubRef=-//EP//TEXT+TA+P7-TA-2010-0441+0+DOC+XML+V0//ES. Zugegriffen: 5 Jul 2017
77. Resolución del Parlamento Europeo, de 5 de julio de 2011, sobre las prioridades de la infraestructura energética a partir de 2020 (DO C 33 E de 5.2.2012, p 46). http://eur-lex.europa.eu/legal-content/ES/TXT/?Uri=CELEX%3A52011IP0318. Zugegriffen: 5 Jul 2017
78. Resolución del Parlamento Europeo, de 12 de septiembre de 2013, sobre la microgeneración – generación de electricidad y de calor a pequeña escala. http://www.europarl.europa.

eu/sides/getDoc.do?PubRef=-//EP//TEXT+TA+P7-TA-2013-0374+0+DOC+XML+V0//ES). Zugegriffen: 5 Jul 2017
79. Grid+Storage Consortium. http://www.gridplusstorage.eu/. Zugegriffen: 5 Jul 2017
80. Title XXI, energy, article 194, consolidated versions of the treaty on European union and the treaty on the functioning of the European union; 2010. http://eurlex.europa.eu/legal-content/EN/TXT/?Uri=celex%3A12012E%2FTXT. Zugegriffen: 5 Jul 2017
81. Directive 2009/28/EC of the European parliament and of the council, 23; 2009. http://eur-lex.europa.eu/legal-content/EN/TXT/PDF/?Uri=CELEX:32009L0028. Zugegriffen: 5 Jul 2017
82. Directive 2009/72/CE of the European parliament and of the council, 13; 2009. https://www.boe.es/doue/2009/211/L00055-00093.pdf. Zugegriffen: 5 Jul 2017
83. Directive 2012/27/EU of the European parliament and of the council, 25; 2012. http://eur-lex.europa.eu/legal-content/EN/TXT/PDF/?Uri=CELEX:32012L0027. Zugegriffen: 5 Jul 2017
84. Regulation (EU) No 347/2013 of the European parliament and of the council, 17; 2013. http://eur-lex.europa.eu/legal-content/AUTO/?Uri=CELEX:12012E172. Zugegriffen: 5 Jul 2017
85. Ley 54/1997, de 27 de noviembre, del Sector Eléctrico. https://www.boe.es/diario_boe/txt.php?Id=BOE-A-1997-25340. Zugegriffen: 5 Jul 2017
86. Ley 24/2013, de 26 de diciembre, del Sector Eléctrico. https://www.boe.es/diario_boe/txt.php?Id=BOE-A-2013-13645. Zugegriffen: 5 Jul 2017
87. Resolución de 30 de julio de 1998, de la Secretaría de Estado de Energía y Recursos Minerales, por la que se aprueba un conjunto de procedimientos de carácter técnico e instrumental necesarios para realizar la adecuada gestión técnica del sistema eléctrico; 1998. https://www.boe.es/boe/dias/1998/08/18/pdfs/A28158-28183.pdf. Zugegriffen: 5 Jul 2017
88. Resolución de 17 de marzo de 2004, de la Secretaría de Estado de Energía, Desarrollo Industrial y Pequeña y Mediana Empresa, por la que se modifican un conjunto de procedimientos de carácter técnico e instrumental necesarios para realizar la adecuada gestión técnica del Sistema Eléctrico; 2004. http://www.ree.es/sites/default/files/01_ACTIVIDADES/Documentos/ProcedimientosOperacion/PO_resol_17mar2004_correc_c.pdf. Zugegriffen: 5 Jul 2017
89. Resolución de 18 de diciembre de 2015, de la Secretaría de Estado de Energía, por la que se establecen los criterios para participar en los servicios de ajuste del sistema y se aprueban determinados procedimientos de pruebas y procedimientos de operación para su adaptación al Real Decreto 413/2014, de 6 de junio, por el que se regula la actividad de producción de energía eléctrica a partir de fuentes de energía renovables, cogeneración y residuos. https://www.boe.es/boe/dias/2015/12/19/pdfs/BOE-A-2015-13875.pdf. Zugegriffen: 5 Jul 2017
90. Resolución de 10 de marzo de 2000, de la Secretaría de Estado de Energía, por la que se aprueban los procedimientos de operación del sistema P.O. 3.10, P.O. 14.5, P.O. 3.1, P.O. 3.2, P.O. 9 y P.O. 14.4 para su adaptación a la nueva normativa eléctrica; 2010. https://www.boe.es/boe/dias/2010/10/28/pdfs/BOE-A-2010-16441.pdf. Zugegriffen: 5 Jul 2017
91. Resolución de 7 de abril de 2006, de la Secretaría de Estado de Industria y Energía, por la que se aprueba el procedimiento de operación del sistema (P.O.—7.4) "Servicio complementario de control de tensión de la red de transporte"; 2000. https://www.boe.es/boe/dias/2000/03/18/pdfs/A11330-11346.pdf. Zugegriffen: 5 Jul 2017
92. Resolución de 7 de abril de 2006, de la Secretaría General de Energía, por la que se aprueban los procedimientos de operación 8.1 "Definición de las redes operadas y observadas por el Operador del Sistema" y 8.2 "Operación del sistema de producción y transporte"; 2006. https://www.boe.es/boe/dias/2006/04/21/pdfs/A15341-15345.pdf. Zugegriffen: 5 Jul 2017
93. Resolución de 28 de abril de 2006, de la Secretaría General de Energía, por la que se aprueba un conjunto de procedimientos de carácter técnico e instrumental necesarios para realizar la adecuada gestión técnica de los sistemas eléctricos insulares y extrapeninsulares;

2006. https://www.boe.es/boe/dias/2006/05/31/pdfs/A20573-20574.pdf. Zugegriffen: 5 Jul 2017
94. Resolución de 22 de marzo de 2005, de la Secretaría General de la Energía, por la que se aprueba el Procedimiento de Operación 13.1. "Criterios de Desarrollo de la Red de Transporte", de carácter técnico e instrumental necesario para realizar la adecuada gestión técnica del Sistema Eléctrico; 2005. http://www.ree.es/sites/default/files/01_ACTIVIDADES/Documentos/ProcedimientosOperacion/PO_resol_22Mar2005.pdf. Zugegriffen: 5 Jul 2017
95. Resolución de 11 de febrero de, de la Secretaría General de la Energía, por la que se aprueba un conjunto de procedimientos de carácter técnico e instrumental necesarios para realizar la adecuada gestión técnica del Sistema Eléctrico; 2005. https://www.boe.es/boe/dias/2005/03/01/pdfs/A07405-07430.pdf. Zugegriffen: 5 Jul 2017
96. Resolución de 5 de agosto de 2016, de la Secretaría de Estado de Energía, por la que se modifica el Procedimiento de Operación 15.2 "Servicio de gestión de la demanda de interrumpibilidad", aprobado por Resolución de 1 de agosto de 2014; 2016. https://www.boe.es/boe/dias/2016/08/12/pdfs/BOE-A-2016-7800.pdf. Zugegriffen: 5 Jul 2017
97. Energy Policy Act of 2005 PL 109-58PL 109-58. https://www.gpo.gov/fdsys/pkg/PLAW-109publ58/pdf/PLAW-109publ58.pdf. Zugegriffen: 5 Jul 2017
98. Strategic Energy Plan. 2014. http://www.enecho.meti.go.jp/en/category/others/basic_plan/pdf/4th_strategic_energy_plan.pdf. Zugegriffen: 5 Jul 2017
99. Frankfurter Societäts-Medien GmbH en cooperación con el Ministerio de Relaciones Exteriores de Alemania. https://www.deutschland.de. Zugegriffen: 5 Jul 2017
100. Renewable Energy Sources Act: Plannable. Affordable. Efficient. http://www.bmwi.de/English/Redaktion/Pdf/renewable-energy-sources-act-eeg-2014,property=pdf,bereich=bmwi2012,sprache=en,rwb=true.pdf. Zugegriffen: 5 Jul 2017
101. Conferencia de París sobre el Clima (COP21). http://www.cop21paris.org/. Zugegriffen: 5 Jul 2017
102. International Organization for Standardization, ISO. http://www.iso.org/. Zugegriffen: 5 Jul 2017
103. European Committee for Standardization, CEN. http://www.cen.eu/. Zugegriffen: 5 Jul 2017.
104. European Committee for Electrotechnical Standardization, CENELEC. https://www.cenelec.eu/. Zugegriffen: 5 Jul 2017
105. Asociación Española de Normalización y Certificación, AENOR. http://www.aenor.es/aenor/inicio/home/home.asp. Zugegriffen: 5 Jul 2017
106. Comisión Panamericana de Normas Técnicas, COPANT. http://www.copant.org/. Zugegriffen: 5 Jul 2017
107. Handbook for energy storage for transmission or distribution applications [Report no. 1007189]. Technical Update; 2002. www.epri.com. Zugegriffen: 5 Jul 2017
108. Ter-Gazarian AG, Superconducting magnetic energy storage. In: Energy storage for power systems, S 154–171
109. Real Decreto 2019/1997, de 26 de diciembre, por el que se organiza y regula el mercado de producción de energía eléctrica. https://www.boe.es/boe/dias/1997/12/27/pdfs/A38047-38057.pdf. Zugegriffen: 5 Jul 2017
110. Real Decreto 1955/2000, de 1 de diciembre, por el que se regulan las actividades de transporte, distribución, comercialización, suministro y procedimientos de autorización de instalaciones de energía eléctrica. https://www.boe.es/boe/dias/2000/12/27/pdfs/A45988-46040.pdf. Zugegriffen: 05 Jul 2017
111. Real Decreto-ley 6/2009, de 30 de abril, por el que se adoptan determinadas medidas en el sector energético y se aprueba el bono social. https://www.boe.es/boe/dias/2009/05/07/pdfs/BOE-A-2009-7581.pdf. Zugegriffen: 5 Jul 2017
112. Real Decreto 134/2010, de 12 de febrero, por el que se establece el procedimiento de resolución de restricciones por garantía de suministro y se modifica el Real Decreto 2019/1997, de 26 de diciembre, por el que se organiza y regula el mercado de producción

de energía eléctrica. https://www.boe.es/boe/dias/2010/02/27/pdfs/BOE-A-2010-3158.pdf. Zugegriffen: 5 Jul 2017
113. Real Decreto-ley 6/2010, de 9 de abril, de medidas para el impulso de la recuperación económica y el empleo. https://www.boe.es/boe/dias/2010/04/13/pdfs/BOE-A-2010-5879.pdf. Zugegriffen: 5 Jul 2017
114. Real Decreto 1221/2010, de 1 de octubre, por el que se modifica el Real Decreto 134/2010, de 12 de febrero, por el que se establece el procedimiento de resolución de restricciones por garantía de suministro y se modifica el Real Decreto 2019/1997, de 26 de diciembre, por el que se organiza y regula el mercado de producción de energía eléctrica. https://www.boe.es/boe/dias/2010/10/02/pdfs/BOE-A-2010-15121.pdf. Zugegriffen: 5 Jul 2017
115. Real Decreto 1565/2010, de 19 de noviembre, por el que se regulan y modifican determinados aspectos relativos a la actividad de producción de energía eléctrica en régimen especial. https://www.boe.es/boe/dias/2010/11/23/pdfs/BOE-A-2010-17976.pdf. Zugegriffen: 5 Jul 2017
116. Real Decreto 1614/2010, de 7 de diciembre, por el que se regulan y modifican determinados aspectos relativos a la actividad de producción de energía eléctrica a partir de tecnologías solar termoeléctrica y eólica. https://www.boe.es/boe/dias/2010/12/08/pdfs/BOE-A-2010-18915.pdf. Zugegriffen: 5 Jul 2017
117. Real Decreto-ley 14/2010, de 23 de diciembre, por el que se establecen medidas urgentes para la corrección del déficit tarifario del sector eléctrico. https://www.boe.es/boe/dias/2010/12/24/pdfs/BOE-A-2010-19757.pdf. Zugegriffen: 5 Jul 2017
118. Real Decreto 1699/2011, de 18 de noviembre, por el que se regula la conexión a red de instalaciones de producción de energía eléctrica de pequeña potencia. https://www.boe.es/boe/dias/2011/12/08/pdfs/BOE-A-2011-19242.pdf. Zugegriffen: 5 Jul 2017
119. Real Decreto-ley 1/2012, de 27 de enero, por el que se procede a la suspensión de los procedimientos de preasignación de retribución y a la supresión de los incentivos económicos para nuevas instalaciones de producción de energía eléctrica a partir de cogeneración, fuentes de energía renovables y residuos. https://www.boe.es/boe/dias/2012/01/28/pdfs/BOE-A-2012-1310.pdf. Zugegriffen: 5 Jul 2017
120. Real Decreto-ley 2/2013, de 1 de febrero, de medidas urgentes en el sistema eléctrico y en el sector financiero. https://www.boe.es/boe/dias/2013/02/02/pdfs/BOE-A-2013-1117.pdf. Zugegriffen: 5 Jul 2017
121. Real Decreto-ley 9/2013, de 12 de julio, por el que se adoptan medidas urgentes para garantizar la estabilidad financiera del sistema eléctrico. https://www.boe.es/boe/dias/2013/07/13/pdfs/BOE-A-2013-7705.pdf). Zugegriffen: 5 Jul 2017
122. Executive Order 13693 – Planning for Federal Sustainability in the Next Decade. https://www.gpo.gov/fdsys/pkg/FR-2015-03-25/pdf/2015-07016.pdf. Zugegriffen: 5 Jul 2017
123. Energy Independence and Security Act of 2007 PL 110-140. https://www.gpo.gov/fdsys/pkg/BILLS-110hr6enr/pdf/BILLS-110hr6enr.pdf. Zugegriffen: 5 Jul 2017
124. Executive Order 13221 – Energy Efficient Standby Power Devices. https://energy.gov/sites/prod/files/2013/10/f3/eo13221.pdf. Zugegriffen: 5 Jul 2017
125. Energy Policy Act of 1992 PL 102-486. http://www.afdc.energy.gov/pdfs/2527.pdf. Zugegriffen: 5 Jul 2017
126. Casado MF (2016) El futuro energético de Japón: entre el regreso a la senda nuclear y el giro hacia las renovables. UNISCI J 41
127. Ministry of Economy, Trade and Industry. http://www.meti.go.jp/english/index.html. Zugegriffen: 5 Jul 2017
128. Ley de alimentación de energía eléctrica (Stromeinspeisungsgesetz). http://dip21.bundestag.de/dip21/btd/11/078/1107816.pdf. Zugegriffen: 5 Jul 2017

Kapitel 3
Technischer Ansatz für die Einbeziehung von supraleitenden magnetischen Energiespeichern in einer Smart City

Abkürzungen

BSCCO	Bismuth Strontium Calcium Copper Oxide (Bismut-Strontium-Calcium-Kupferoxid)
CAES	Compressed Air Energy Storage (Druckluftspeicherkraftwerk)
CPLD	Complex Programmable Logic Device (programmierbare logische Schaltungen)
D-FACTS	Distributed Flexible AC Transmission Systems (verteiltes flexibles AC-Übertragungssystem)
DG	Distributed Generation (dezentrale Stromerzeugung)
EDLC	Electric Double Layer Capacitor (Doppelschichtkondensator)
ESS	Energie-Speichersystem
EU	Europäische Union
FES	Flywheel Energy Storage (Schwungradspeicherung)
HV	High Voltage (Hochspannung)
HTS	High Temperature Superconducting (Hochtemperatursupraleiter)
IGBT	Insulated Gate Bipolar Transistor (Bipolartransistor mit isolierter Gate-Elektrode)
LTS	Low Temperature Superconducting (Tieftemperatur-Supraleiter)
LV	Low Voltage (Niederspannung)
MCU	Micro Controller Unit (Mikrocontroller)
MPLS	Multiprotocol Label Switching
MV	Medium Voltage (Mittelspannung)
NbTi	Niobio-Titanio (Niob-Titan)
PHS	Pumped Hydro Storage (Pumpspeicherkraftwerk)
REBT	Reglamento Electrotécnico de Baja Tensión (Elektrotechnische Vorschriften für die Niederspannung)
REE	Red Eléctrica de España (spanischer Netzbetreiber)

SMES   Supraleitende magnetische Energiespeicher
YBCO   Yttrium Barium Copper Oxide (Yttrium-Barium-Kupferoxid)

Symbole

C Kapazität des Filterkondensators
C_1 Kapazität des Gleichrichterkondensators
$i_{1,2,3}$ Eingangsstrom des Konverters
i_{SMES} Eingangsstrom der SMES-Spulen
I_C Maximalstrom im Filterkondensator
I_O Filter-Nennstrom
T_c Kritische Temperatur
L_{SMES} Induktivität der SMES-Spule
$L_{1,2}$ Induktivität der Filterspulen
R_{eq} Äquivalenter Widerstand von der Spule aus gesehen
THD   Total Harmonic Distortion (Oberschwingungsgesamtverzerrung)
$U_{1,2,3}$ Eingangsspannung am Konverter
U_{DC} Spannung am Gleichrichterkondensator
V_o Mittlere Spannung am Gleichrichterkondensator
ω Netzfrequenz
ω_{res} Resonanzfrequenz
ω_{con} Schaltfrequenz
Δ_{vo} Zulässige Spannungsschwankung im Kondensator

3.1 Einführung

Ein intelligentes Netz ist ein Konzept, das sich schnell mit der Implementierung von erneuerbaren Energien und Konzepten wie dezentraler Erzeugung (DG) und Mikronetzen entwickelt hat. Laut dem Stromsystembetreiber im spanischen Stromnetz, REE, ist ein intelligentes Netz [1] „ein Netz, das das Verhalten und die Handlungen aller angeschlossenen Nutzer effizient integrieren kann, so dass es ein nachhaltiges und effizientes Energiesystem mit geringen Verlusten und hoher Qualität und Versorgungssicherheit gewährleistet".

Die von REE gegebene Definition von intelligenten Netzen umfasst sowohl das elektrische System als auch das Kommunikationssystem. Die Hauptidee besteht darin, Anstrengungen und Fähigkeiten zu bündeln, um das System zu verbessern, so dass trotz der Komplexität der Faktoren und Einheiten, die im elektrischen Netz agieren, optimale Ergebnisse erzielt werden können.

Innerhalb dieses Konzepts und in den Stromversorgungsnetzen der nahen Zukunft könnten wir auf das Konzept der Smart City stoßen, das als solche Städte definiert werden kann, die bereits über ein innovatives System und Netz verfügen,

3.1 Einführung

um ein verbessertes Modell für wirtschaftliche und politische Effizienz zu bieten, das soziale, kulturelle und städtische Entwicklung ermöglicht. Um dieses Wachstum zu unterstützen, gibt es ein Engagement für Innovationsindustrien und Hochtechnologie, die ein städtisches Wachstum auf der Basis der Förderung von Fähigkeiten und Netzen ermöglicht. Dies wird durch strategische und inklusive Pläne erreicht, die die Verbesserung des lokalen Innovationssystems ermöglichen [2].

Heutzutage liegt der Fokus auf der Entwicklung von Modellen, die die Effizienz der Elemente, die das elektrische Netz bezüglich Städte hat, erhöhen. Dies basiert auf Statistiken und Daten, die zeigen, dass 54 % der Weltbevölkerung in Städten lebt. Dieser Prozentsatz wird nicht nur aufgrund der Migration der ländlichen Bevölkerung in die Städte, sondern auch durch das Bevölkerungswachstum zunehmen. Es wird geschätzt, dass die Weltbevölkerung in den nächsten 25 Jahren von 7300 auf 9500 Millionen Menschen ansteigen wird und dass die Bevölkerung städtischer wird, mit einem Anstieg auf 66 % im Jahr 2050 [3].

Dieser Urbanisierungsprozess ist in Europa und insbesondere in Spanien noch weiter fortgeschritten, wo mehr als zwei Drittel der Bevölkerung städtisch sind und voraussichtlich bis 2050 85 % erreichen werden, was zusammen mit dem amerikanischen Kontinent diesen Bevölkerungswandel anführt [3].

Das Modell des Stromsystems mittels DG ermöglicht es, Erzeugungssysteme zu diversifizieren und sie an zeitliche oder geographische Bedürfnisse anzupassen. Dieses Modell fördert erneuerbare Erzeugungssysteme von geringer und mittlerer Leistung. Dies ist mit der Nutzung von Energiespeichersystemen (ESS) verbunden.

Neben traditionellen Speichersystemen, wie verschiedenen Arten von Batterien oder Druckluftspeichersystemen (CAES), gibt es andere Systeme wie Schwungräder, Li-Ionen-Batterien, Superkondensatoren oder supraleitende magnetische Energiespeicher (SMES), die den Anforderungen des Systems mit hoher Energiedichte gerecht werden könnten.

Der Einsatz von SMES-Systemen in Smart Cities bietet ein Unterstützungselement für Bereiche, in denen zu bestimmten Zeiten Spitzenleistung benötigt wird, wie in Industriegebieten. Darüber hinaus können SMES-Systeme andere Anwendungen bieten, die ihre Einbindung in das Netz ermöglichen, wie unterbrechungsfreie Stromversorgungen (UPS), Anpassungssysteme für Spannungspegel und Frequenzsteuerung.

Die Einbeziehung eines ESS in das Stromnetz einer Smart City ergänzt die Nutzung von erneuerbaren Erzeugungssystemen, da diese Systeme Verzerrungen in der Qualität der Netzspannung verursachen könnten. Daher ist ein DG-System mit ESS verbunden, was verschiedene Möglichkeiten bei der Anbindung an das Netz impliziert, wie im Laufe des Artikels zu sehen sein wird.

Neben dem einleitenden Abschnitt werden die in diesem Artikel verwendeten Methoden und Materialien in Abschn. 3.2 erläutert. In diesem Abschnitt, Abschn. 3.2, wird das aktuelle elektrische Netzmodell vorgestellt, gefolgt von den Einstellungen des Verteilnetzes des ESS in Bezug auf das Referenzverteilnetz. In Abschn. 3.3 wird der theoretische Rahmen für die Einbeziehung des Speichersystems SMES in eine Smart City erläutert. Dies ermöglicht es, mögliche Vorteile der Einbeziehung dieser Systeme in das elektrische Netz sowie andere Arten von indirekten Gewinnen zu ermitteln. In Abschn. 3.4 werden die Ergebnisse gemäß den durchgeführten Simulationen und den in den vorherigen Abschnitten angegebenen Berechnungen dargestellt. In diesem Abschnitt, Abschn. 3.4, werden die erhaltenen Signale am Ein- und Ausgang des Wandlers während des Ladens und Entladens dieser Systeme gezeigt.

Die Diskussion der in Abschn. 3.4 erzielten Ergebnisse auf theoretischer Ebene sowie die Analyse der verschiedenen Netzarchitekturen werden in Abschn. 3.5 vorgestellt, unter Berücksichtigung der zuvor entwickelten Eigenschaften und Hauptannahmen. Schließlich werden in Abschn. 3.6 die wichtigsten Schlussfolgerungen aus der technischen Studie zur Einbeziehung dieser Systeme in eine Smart City, die mit dem spanischen Stromnetz verbunden ist, vorgestellt.

3.2 Material und Methoden

In diesem Abschnitt beschreiben wir die Prozesse, die wir während dieser Studie durchgeführt haben, um die Ergebnisse zu erzielen. Die Analyse des Stromnetzes ist einer der wichtigsten Aspekte in diesem Prozess und auch der Hauptpunkt.

Wir müssen berücksichtigen, dass das aktuelle Stromnetz im spanischen System auf einer pyramidenförmigen Struktur basiert. Derzeit wird Energie hauptsächlich in großen Produktionszentren erzeugt, wie z.B. in thermischen Kraftwerken, Wasserkraftwerken und Kernkraftwerken. Die Energie wird mit hoher Spannung (HV) transportiert, bis sie das Verteilnetz und die Endverbraucher erreicht, siehe Abb. 3.1.

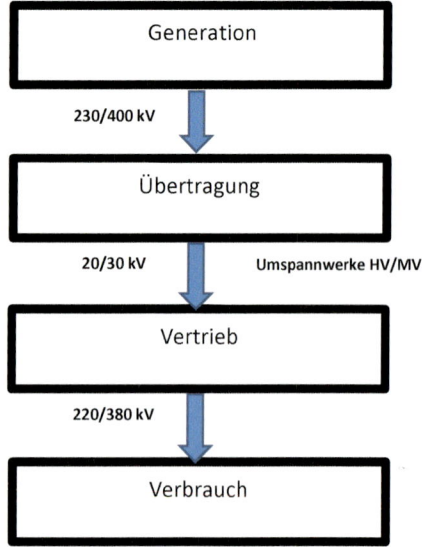

Abb. 3.1 Modell des spanischen Stromnetzes. (Quelle: Angepasst von [4])

3.2 Material und Methoden

In den letzten Jahren hat diese Struktur begonnen sich zu ändern, aufgrund der Einbeziehung von kleinen Erzeugungszentren in das Netz, was durch die Ausweitung der erneuerbaren Energien ermöglicht wurde. Dies ist dank eines verteilten Netzes mit verteilter Erzeugung möglich, ein Konzept, das sehr stark mit intelligenten Netzen verbunden ist, Abb. 3.2. Die Nutzung von KWK-Anlagen, die die Erzeugung von Fernwärme und elektrischen Erzeugungssystemen ermöglichen, wird ebenfalls gefördert [5].

Im neuen Stromnetzmodell spielen erneuerbare Energiequellen eine sehr wichtige Rolle. Darüber hinaus sind erneuerbare Energien mit Systemen wie ESS verknüpft, die einen ordnungsgemäßen Betrieb im elektrischen System ermöglichen.

In Bezug auf ESS ist es wichtig zu bedenken, dass Speichersysteme auf zwei Arten agieren können. Einerseits als Lasten im Netz, wenn sie sich im Lademodus befinden, und andererseits als Generatoren, wenn sie sich im Entlademodus befinden. Die Verbindung dieser Systeme mit dem Netz kann an jedem Punkt des Netzes erfolgen. In der Studie konzentrierten wir uns auf die Netzübertragung bei MV.

Für die Verbindung der ESS der in dem Transformator normalisierten Terminals ist Dyn11, das heißt, die Primärspannung vom Transformator geht in ein Dreieck und die Sekundärspannung in einen Stern, mit einem zugänglichen Neutralleiter, um die verschiedenen Verbraucher zu versorgen und auch den Sternpunkt der Sekundärspannung für die elektrische Erdung zu verbinden. Die Sekundärspannung des Transformators, die von der Europäischen Union [7] (EU) normiert ist, beträgt 400 V zwischen den Phasen und 230 V zwischen Phase und Neutralleiter zur Versorgung des Endverbrauchers im Verteilnetz.

Mit dem Ziel, das Verhalten des SMES-Systems im Netz zu verstehen, wurden die Daten der von Ref. [8] durchgeführten Studie herangezogen, in der ein SMES-System mit einer Energie von 6,49 MWh und einer Leistung von 1,52 MW vorhanden ist, mit der Idee, den Schaltkreis mit Hilfe des Programms Proteus 8.3 simulieren zu können. Mit diesen Angaben wurde festgestellt, dass eine

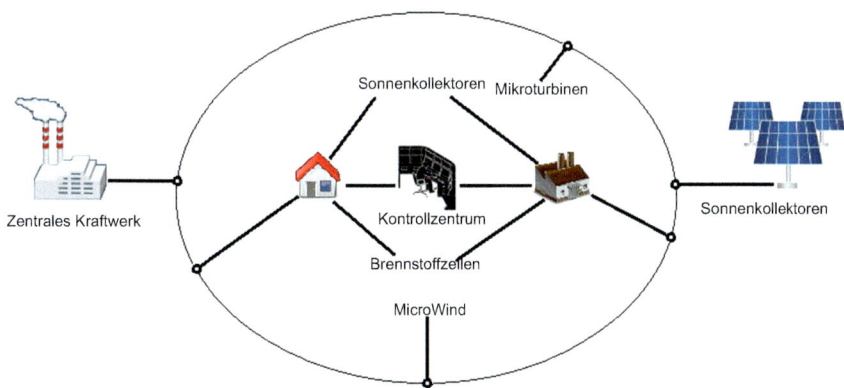

Abb. 3.2 Modell der verteilten Erzeugung. (Quelle: Angepasst von [6])

Sekundärspannung von 2000 V am Transformator und ein Spulenstrom von 325 A erforderlich sind, um die erforderliche Leistungsanforderung zu erfüllen.

In diesem Fall wird davon ausgegangen, dass wir sowohl mit Primär- als auch mit Sekundärspannung mit MT arbeiten. Aus diesem Grund müssen die Spannungen über 1001 V liegen (damit beabsichtigen wir, eine Anfangsgrenze der Mittelspannung zu setzen). Das Ziel ist es, den Strom in allen elektrischen und elektronischen Geräten zu begrenzen, um Verluste zu reduzieren. Dies bedeutet auch, mit Elementen zu arbeiten, die große Spannungsabfälle aufweisen, etwas, das bei der Gestaltung des restlichen Schaltkreises, insbesondere bei Halbleitern, zu berücksichtigen ist.

Mit diesen Voraussetzungen wurde ein Schaltkreis entworfen, der darauf abzielt, die Netzspannung an die Arbeitsweise des SMES-Systems anzupassen. Der in Abb. 3.3 dargestellte Schaltkreis wurde konfiguriert. Er ist in Filter, Wandler, Chopper und SMES-Spule unterteilt. Die Berechnung zur Ermittlung der charakteristischen Werte der Komponenten wird in Anhang 1 entwickelt.

Für die Gestaltung dieses Schaltkreises wurde die Arbeitsfrequenz des Netzes in Spanien, 50 Hz, für die Auslegung des LCL-Filters berücksichtigt, das nach dem Transformator platziert wurde. Dieser Transformator wird so ausgelegt, dass er die Betriebsleistung des Systems aushält und auch als Schutzelement sowohl am Eingang als auch am Ausgang fungiert, da er als Überstrombegrenzer wirkt.

In Bezug auf die Gestaltung des Wandlers wurden zwei Hauptpunkte berücksichtigt. Der erste ist, ob der Wandler im Gleichrichtermodus gesteuert werden kann oder nicht. Aufgrund der Einfachheit des Designs und der geringen Bedeutung im simulierten System haben wir uns für das ungesteuerte System über Leistungsdioden entschieden. Der zweite Punkt sind die Spitzenspannungen, mit denen gearbeitet wird. Es ist wichtig, die ausgewählte Spannungsgestaltung im Auge zu behalten, um nicht mit höheren Spannungen als der Durchbruchspannung der IGBTs und des Gleichrichterkondensators zu arbeiten. Dies kann mit den IGBTs des Choppers angewendet werden.

Was die Simulation betrifft, so wurden zur Erhaltung der Diagramme der entsprechenden Signale Spannungs- und Stromsonden am Eingang der Spule platziert, um ihre Ladung und Entladung zu sehen. Diese Sonden von Proteus werden

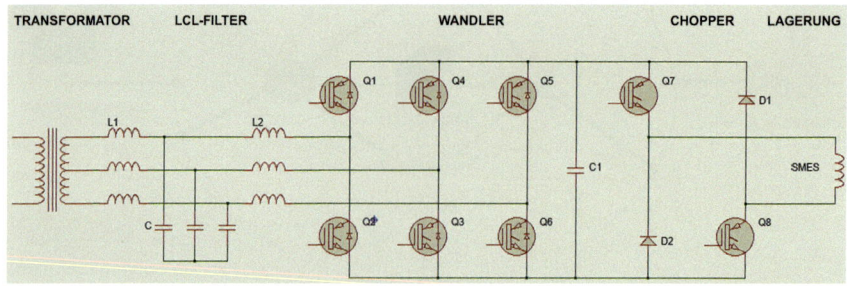

Abb. 3.3 Speichersystem-Schaltkreis. (Quelle: Angepasst von [9])

auch eingesetzt, um die Spannungs- und Stromsignale am Eingang des Gleichrichters zu messen. Für diese Simulation wurden Leistungsverluste in Transformatoren, Leitungswiderstände und anderen Elementen, die die Messung der charakteristischen Werte des SMES-Systems beeinflussen, nicht berücksichtigt.

Es ist wichtig zu betonen, dass für die Durchführung der Studie Werte, die während der ersten Sekunde ermittelt wurden, t = 0–1 s, verworfen wurden. Dies liegt hauptsächlich an der fehlenden Glättungsschaltung, die unerwünschte Schwankungen während des Starts verhindert hätte.

3.3 Theoretischer Rahmen

In diesem Abschnitt analysieren wir den theoretischen Rahmen des Netzes und des ESS, in dem die gegenwärtige Forschung durchgeführt wurde. Dazu werden wir eine der wichtigsten Smart Cities in Spanien, Málaga [10], analysieren.

Im Anhang 2 wird eine Analyse von Smart Cities zusammen mit SMES-Speichersystemen und Kontroll- und Überwachungssystemen gezeigt. Die Verbindung aller Elemente im Netz ist unerlässlich in Smart Grids.

Es ist wichtig zu bedenken, dass Städte heutzutage 2 % der Erdoberfläche einnehmen, 75 % der Weltenergie verbrauchen und 80 % der Treibhausgase erzeugen [11].

Ein Modell, das die Hauptaspekte einer Smart City umfasst, ist in Abb. 3.4 dargestellt. Innerhalb dieser Aspekte finden wir transversale Elemente, wie:

- Informationstechnologie und Kommunikation
- Messstellen
- Sicherheit
- Materialien

Innerhalb der transversalen Systeme befindet sich das Konzept der Informations- und Kommunikationstechnologien, das eine Informationsverbindung zwischen verschiedenen Systemen ermöglicht. Das Kommunikationssystem des Smartcity-Projekts Málaga wird im Anhang 3 [10] gezeigt, das die Verbindung der verschiedenen Knoten und Transformationszentren zeigt; die Kommunikationsknoten stimmen meist mit den Zentren überein.

Es gibt 4 Blöcke, auf die man sich bei der Entwicklung einer Smart City konzentrieren sollte: Energie und Umwelt, Gebäude und Infrastruktur [12], Mobilität und Intermodalität sowie Verwaltung und öffentliche Einrichtungen. Alle diese Blöcke sind miteinander verbunden, sie sind nicht isoliert. Innerhalb des ersten Blocks, Energie und Umwelt, ist ein wichtiges Element in der Smart City die Energiespeichersysteme, ESS, deren Hauptzweck es ist, die Energieversorgung zu gewährleisten. Energiespeichersysteme (ESS) können nach verschiedenen Merkmalen gruppiert werden, die die Wahl eines Geräts für das Speichersystem erleichtern [11]. Geräte, die tatsächlich vermarktet und/oder in Entwicklung sind, sind in vier Hauptgruppen unterteilt: Elektrochemisch (verschiedene Arten von

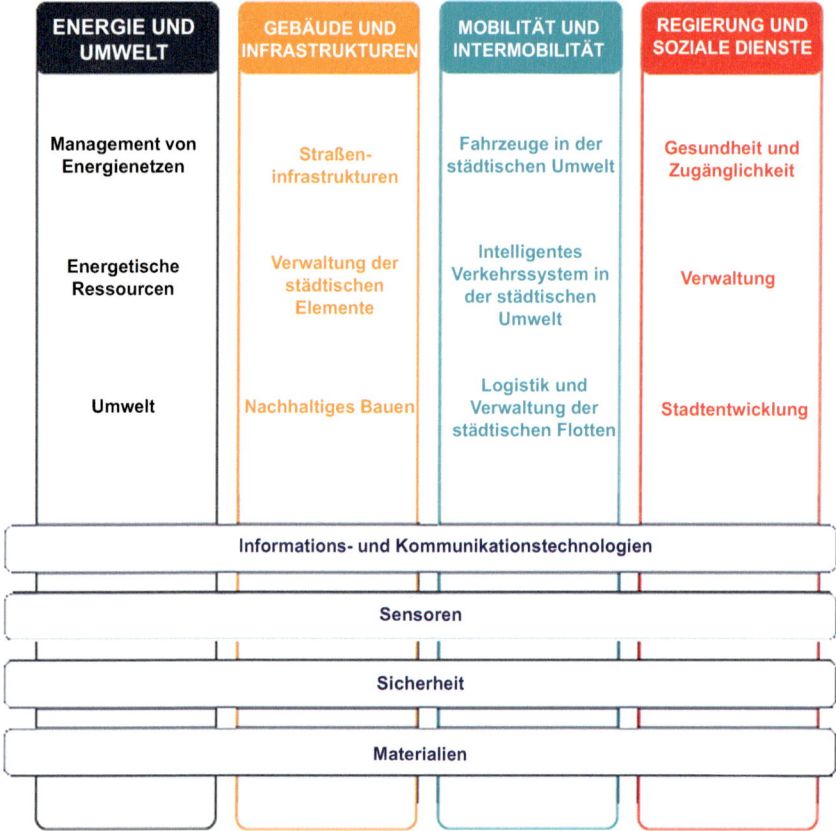

Abb. 3.4 Modell der Smart City. (Quelle: Angepasst von [3])

Batterien), mechanisch (FES, PHS, CAES), elektrisch (SMES, EDLC) und thermisch.

Der größte Teil der Stromspeicherung weltweit, etwa 95–98 %, basiert auf PHS aufgrund der Einfachheit und Reife dieser Technologie. Dennoch ist die Anzahl der ESS, die sich von PHS unterscheiden, von weniger als 1 % auf mehr als 1,5 % im Jahr 2010 und 2,5 % im Jahr 2015 gestiegen (eine Wachstumsrate von mehr als 10 %) [13, 14].

Wie oben erwähnt, konzentriert sich der vorliegende Artikel auf die Speicherung von magnetischer Energie in Supraleitern (SMES) und die technischen Möglichkeiten ihrer Einbeziehung in eine Smart City. Wir müssen bedenken, dass die Speicherung von magnetischer Energie in Supraleitern ein System ist, das die Speicherung von Energie unter einem Magnetfeld ermöglicht, dank des Stroms, der durch eine gekühlte Spule bei einer Temperatur unter der kritischen Supraleitertemperatur, T_c, fließt. Das System basiert auf einer supraleitenden Spule, einem Kühlsystem, das die kritische Temperatur erreicht, einem elektrischen

System zur Umwandlung und Anpassung des Signals und einem Steuerungssystem zur Anpassung der Ströme und Optimierung des Prozesses.

Um diese Systeme zu entwickeln und die richtigen Arbeitsniveaus zu erreichen, wurden viele Studien zur Leistungsoptimierung dieser Systeme sowie zur Netzanbindung durchgeführt [9, 15–21]. Andere Studien befassen sich mit der Optimierung der elektrischen Anpassungselemente sowie mit Regulierungs- und Steuerungssystemen [22] oder der Untersuchung der Einbeziehung dieser Systeme in die Mikronetze/Smart Grids [23, 24].

3.4 Ergebnisse

In diesem Abschnitt präsentieren wir die Ergebnisse von Simulationen, die mit dem Proteus-Programm durchgeführt wurden. Er ist in zwei Unterabschnitte unterteilt. Der erste zeigt die während des Aufladens des Speichers erhaltenen Signale, unter Verwendung eines Konverters im Gleichrichtermodus, sowohl in der Spule als auch am Eingang des Gleichrichters.

Nachdem die Ladezyklus simuliert wurde, zeigt der zweite Unterabschnitt die während des Entladens des SMES-Systems ins Netz erhaltenen Signale, sowohl an den Anschlüssen der SMES-Spule als auch am Ausgang des Wechselrichters im Inversionsmodus.

3.4.1 Ladung des Speichersystems

Um die Simulation im Ladungsmodus durchzuführen, stellen wir den Schaltkreis mit dem nicht gesteuerten dreiphasigen Vollwellengleichrichter ein. Der Schaltkreis wurde mit den Berechnungen entworfen, die in Anhang 1 gezeigt sind. Die Eingangsspannung zum Gleichrichter, bei der die 3 Phasen differenziert und um 120° phasenverschoben sind, ist in Abb. 3.5 dargestellt. Die Spitzenspannung der Wellen liegt bei 2828 V mit einer Frequenz von 50 Hz. Es wurden Versuche durchgeführt, bei denen Störungen und Interferenzen eingeführt wurden, mit der Absicht, die Effizienz des für den Fall angepassten LCL-Filterdesigns zu überprüfen, wobei zu jeder Zeit ein perfektes Sinussignal am Eingang des Gleichrichters gezeigt wurde.

Andererseits gibt es Eingangsströme im Gleichrichter. Dies ist in Abb. 3.6 dargestellt, wo verschiedene Zeitpunkte im Ladungszyklus unterschieden werden können. Bei ungefähr $t = 0,36$ s wird der permanente Modus erreicht. Zu diesem Zeitpunkt betrachtet das Steuersystem das ESS als geladen, folglich wird das System vom Rest getrennt und geht in den permanenten Modus über.

Darüber hinaus müssen wir die Spannungs- und Stromsignale im SMES-System berücksichtigen. In diesem Fall, wie in Abb. 3.7 gezeigt, erreicht die Spannung nach dem Vollwellengleichrichter 4600 V nach der Ladezeit. In Abb. 3.8

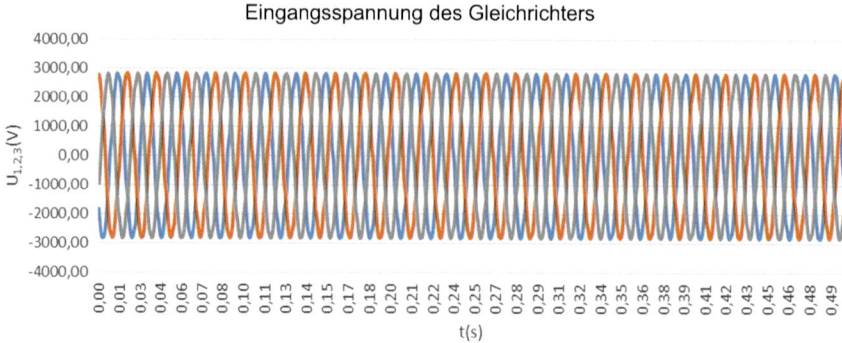

Abb. 3.5 Signal am Gleichrichtereingang. (Quelle: Eigene Ausarbeitung)

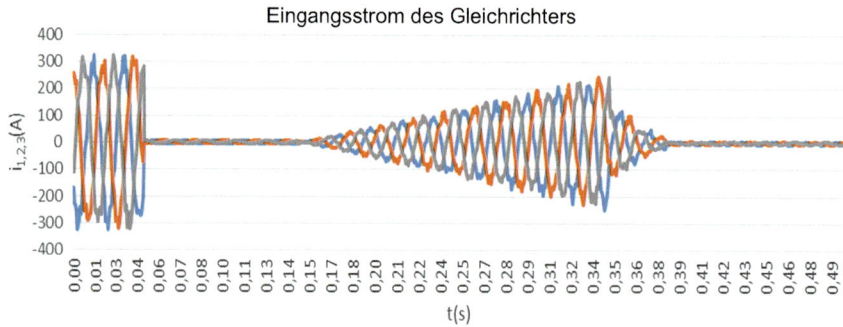

Abb. 3.6 Strom am Gleichrichtereingang. (Quelle: Eigene Ausarbeitung)

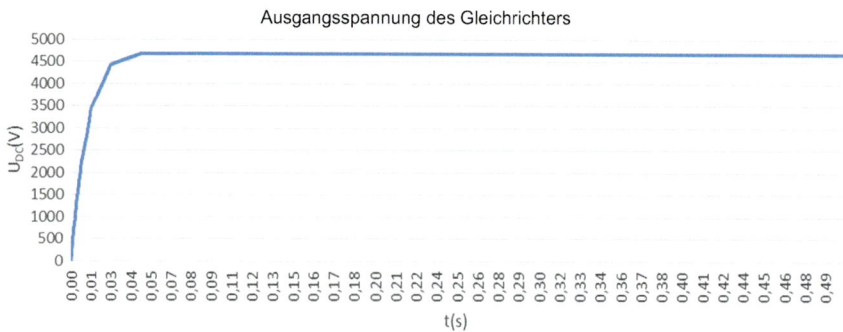

Abb. 3.7 Spannung am Ausgang des Gleichrichters. (Quelle: Eigene Ausarbeitung)

3.4 Ergebnisse

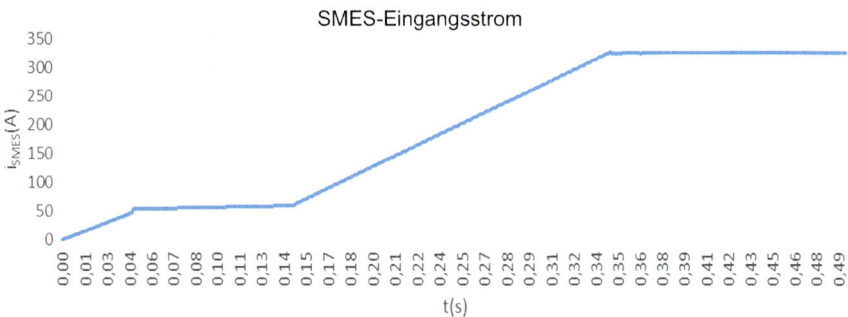

Abb. 3.8 Strom am Eingang des SMES. (Quelle: Eigene Ausarbeitung)

wird der Anstieg des Stroms in der Spule während der Ladephase gezeigt. Er erreicht etwa 325 A. Dieser Strom wird zu jedem Zeitpunkt durch den Chopper reguliert und angepasst, wodurch eine vollständige Kontrolle über die Energie erreicht wird, die wir speichern möchten.

Für ein System, das mit dem Netz verbunden ist, ermöglicht ein zuverlässiges und schnelles Datenerfassungssystem die Steigerung der Effizienz und Genauigkeit der Messungen und daher des Systembetriebs.

3.4.2 Entladung des Speichersystems

Sobald das System aufgeladen ist, können wir die im Spulensystem gespeicherte Energie entladen. Diese Energie wird durch die Steuerung des Stroms bereitgestellt, wobei der Chopper und der Konverter im Invertermodus arbeiten. Dann wird durch das Steuersystem ein schneller Abfall des Spulenstroms iSMES (t) bewirkt, wie in Abb. 3.9 gezeigt. Diese Einstellung spiegelt sich in der Spannung am Kondensator des Konverters wider, wobei der Wechsel von den erreichten Werten auf 0 V zu bemerken ist, Abb. 3.10.

Darüber hinaus liefert der Inverter ein Sinussignal (Abb. 3.11) mit 50 Hz und einer Effektivspannung von 2000 V, das nach Durchlaufen des Filters geglättet ist, um die unerwünschten Harmonischen zu entfernen, die durch die elektronischen Elemente der Schaltung entstehen. Um die drei sinusförmigen Phasen zu erhalten, wird die Signalumkehrung durch das kontinuierliche Spannungsschalten der IGBTs mit gewichteter sinusförmiger Pulsbreite (SPWM) durchgeführt [25]. Die Inverter mit dieser Art von Einstellung sind leicht zu filtern, weil die eingekoppelten Harmonischen weit von der Haupt-Harmonischen entfernt sind.

Eine wichtige Eigenschaft muss hervorgehoben werden, die aus den Simulationen dieser Art von ESS gewonnen wurde. Aufgrund der kurzen Entfernung zwischen den Speichersystemen und den Lasten treten geringe Netzverluste auf. Diese Verluste werden nur in den Lasten angezeigt, die an das ESS angeschlossen sind.

80 3 Technischer Ansatz für die Einbeziehung von supraleitenden …

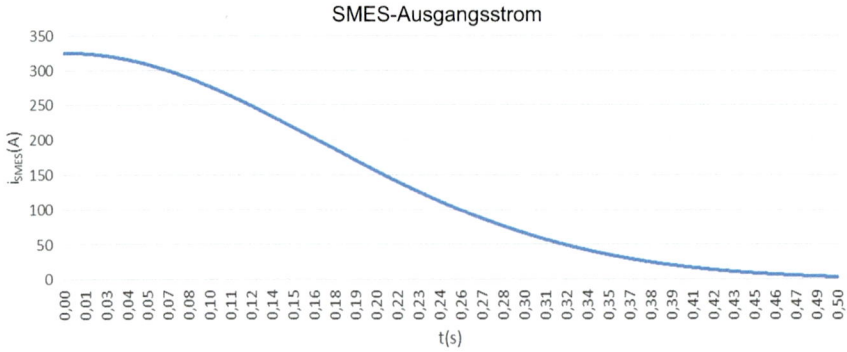

Abb. 3.9 SMES-Ausgangsstrom während der Entladung. (Quelle: Eigene Darstellung)

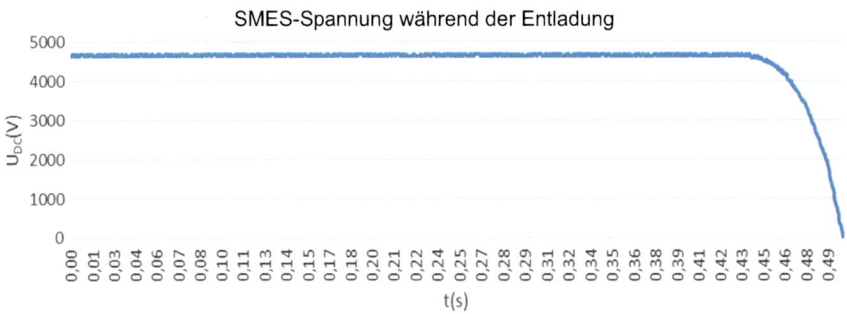

Abb. 3.10 Spannung am Kondensator während der Entladung. (Quelle: Eigene Darstellung)

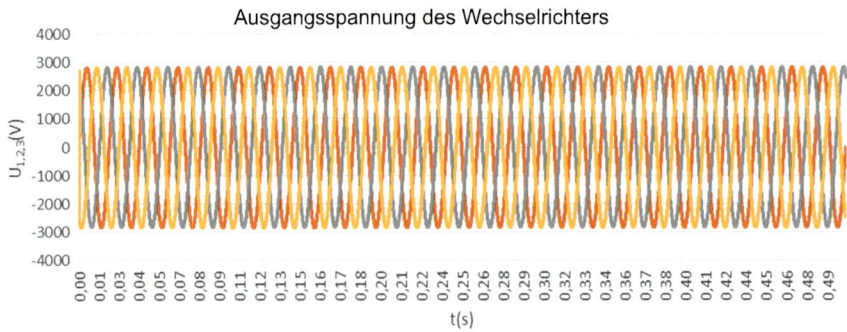

Abb. 3.11 Phasenspannung am Inverterausgang während der Entladung. (Quelle: Eigene Darstellung)

3.5 Diskussion

Es ist notwendig, die Eigenschaften des Stromnetzes zu berücksichtigen, wie die große Anzahl von Erzeugungsquellen, die Länge des Übertragungs- und Verteilnetzes sowie die große Vielfalt von Lasten im Stromnetz.

Im Falle der Smart City wurde das SMES-System im Verteilnetz, in Mittelspannung, positioniert, um die Lasten im Zusammenhang mit der industriellen Produktion zu unterstützen. Dies impliziert, dass die Entfernung zwischen den Speichersystemen und den Lasten nicht groß ist, so dass die ohmschen und kapazitiven Effekte in dieser Studie nicht relevant sind.

Mit den Simulationen können Sie die Einschränkungen sehen, die diese Arten von Systemen im Stromnetz haben. Die wesentliche technische Einschränkung ist die kurze Entladezeit dieser Systeme, aufgrund ihrer hohen Leistungsdichte. Im Gegensatz dazu bietet dies große Vorteile, wie die Möglichkeit, zur Kompensation von Leistungsschwankungen eingesetzt zu werden. Allerdings können sie derzeit nicht als langanhaltendes Hilfsenergieunterstützungssystem betrachtet werden.

Obwohl es wahr ist, dass diese ESS die Schwankungen des Netzes kontrollieren können, die hauptsächlich durch den Anschluss von Lasten verursacht werden, gibt es Elemente oder Konfigurationen, die es ermöglichen, diesen Anschluss von Lasten zu kontrollieren. Zu den am häufigsten verwendeten gehören die Dreiphasen-Stern-Dreieck-Motorverbindung, die Verbindung mittels eines Softstarters oder die Frequenzumrichterverbindung.

Allerdings verlangt das *„Reglamento Electrotécnico de Baja Tensión"* (REBT), das spanische Elektronormenhandbuch, in der Anweisung ITC-BT-47, die Einführung geeigneter Systeme, die die Lastspitzen beim Motorstart begrenzen [26], oder andere Lasten, die starke Verzerrungen ins Netz einführen. Trotz der Verwendung dieser Geräte oder Konfigurationen werden immer Signale eingeführt, die die Qualität der Netzspannung beeinflussen können.

Wie zu Beginn diskutiert, muss man die Wechselwirkung zwischen den verschiedenen Blöcken berücksichtigen, die in den Smart Cities interagieren. Im Falle des Stromnetzes ist es wichtig, das Kommunikationssystem im Stromsystem hervorzuheben. Das Hauptziel der Kommunikationssysteme in den Smart Grids ist es, das Netz zu stärken und zu automatisieren, seinen Betrieb zu verbessern, die Qualitätsindizes zu erhöhen und die Verluste während des Betriebs zu reduzieren.

Erhöhte Speicherkapazität in SMES-Systemen und die Angemessenheit der Energieumwandlungsrate sind die wichtigsten Faktoren bei den Anwendungen dieses ESS in intelligenten Stromnetzen. In Bezug auf die Konfiguration sollte der Fokus auf D-FACTS-Modellen liegen, verteilten Wechselstromverteilsystemen mit dem Ziel, die Qualitätsprobleme der Stromversorgung zu lösen. Andererseits gibt es technische Einschränkungen, die eine allgemeine Verwendung in Speichersystemen verhindern. Bis technische Lösungen und Technologien entwickelt sind, um dieses Problem zu lösen, kann ein hybrides System namens HESS als Lösung verwendet werden. Im Vergleich zu SMES-Systemen mit hoher Leistungsdichte konzentriert sich die Hybridisierung darauf, sie mit anderen Systemen mit hoher

Energiedichte zu kombinieren, die wichtigsten Faktoren bei den Anwendungen dieser Systeme in intelligenten Stromnetzen:

- Batterien-SMES: Hybride Modelle mit SMES und Batterien sind am häufigsten verwendet, aufgrund der großen Vielfalt an Batterietypen. Die Simulation dieser Art von Systemen wurde durchgeführt und ein geeignetes mathematisches Modell wurde erhalten [27, 28].
- CAES-SMES: Dieser Systemtyp wurde aufgrund seiner hohen Komplexität und Kosten nicht verwendet. Trotzdem ist diese Hybridisierung aufgrund der technischen Eigenschaften jedes der Systeme kompatibel.
- Brennstoffzellen-SMES: Dieser Systemtyp wurde getestet und simuliert mit dem Ziel, ein kleinskaliges effizientes Speichersystem für den Einsatz in Elektroautos zu schaffen [29].
- PHS-SMES: PHS-Systeme sind die am weitesten verbreiteten Speichersysteme und sind auf Systeme mit großer Kapazität ausgerichtet. Dieser Systemtyp sollte für die Stromversorgung in HV verwendet werden.

Tab. 3.1 zeigt verschiedene Arten von ESS mit ihren zugehörigen Eigenschaften. Hier können Sie die Speicherkapazität und den Betrieb verschiedener ESS und die Möglichkeit der Hybridisierung der Systeme sehen:

Was das zu verwendende Architekturmodell betrifft, so können hybride Systeme in 3 Haupttypen eingeteilt werden:

- Aktiv Parallel. Dieses Modell besteht darin, jedes ESS über ein unabhängiges Anpassungssystem mit einem weiteren System zu verbinden, das die Bedingungen erfüllt, um an das Stromnetz angeschlossen zu werden, Abb. 3.12.
- Passiv (oder direkt) Parallel. Dieses Modell besteht aus der direkten Verbindung mit einem einzigen Anpassungssystem, ohne andere Vermittler, Abb. 3.13.
- Kaskade: Schließlich besteht das Kaskadenmodell darin, die ESS mit ihrem entsprechenden Anpassungssystem zu verbinden (Abb. 3.14).

Tab. 3.2 zeigt eine Zusammenfassung der Eigenschaften der verschiedenen diskutierten Architekturen [27].

Diese hybriden Architekturen werden vom zentralen Steuersystem jedes ESS gesteuert, das mit der Kommunikationsausrüstung des zentralen Steuersystems der Einrichtung kommuniziert, Status- und Alarmsignale senden und Befehle empfangen kann. Andererseits hat es vier Ausgänge zur Steuerung von Schützen oder äquivalenten Schutzelementen des ESS.

Im Falle von Smartcity Málaga muss das verteilte Speichersystem hauptsächlich an die Generatorelemente angeschlossen werden, mit der doppelten Aufgabe, Energie zu speichern und die von Wind- oder Photovoltaiksystemen erzeugte Energie zu regulieren.

Was hybride Speichersysteme betrifft, so sollten sie in industriellen Umgebungen oder Umgebungen berücksichtigt werden, in denen die Last einen erheblichen augenblicklichen Leistungseingang erfordert, den Systeme mit hoher

3.5 Diskussion

Tab. 3.1 Zusammenfassung der Eigenschaften der hybriden Architekturen [30]

Technologien	Kapazität (MWh)	Leistung (MW)	Reaktionszeit	Entladezeit	Reife	Lebensdauer (Jahre)	Effizienz (%)
Batterie: Bleiakku	0,25~50	<100	Millisekunde	<4 h	Demo-kommerziell	<20	<85
Batterie: Lithium-Ion	0,25~25	<100		<1 h	Demo	<15	<90
Batterie: NaS	<300	<50		<6 h	Kommerziell	<15	<80
Batterie: Vanadium-Redox	<250	<50	<10 min	<8 h	Demo	<10	<80
FES	<10	<20	<10 min	<1 h	Demo-reif	<20	<85
PHS	5000~14.000	500~1400	Sek~min	6 h~24 h	Reif	<70	<85
CAES	250~2700	50~135	<15 min	5 h~20 h	Demo-kommerziell	<40	<85
DLC	0,1~0,5	<1	<10 min	<1 min	Kommerziell	<40	<95
SMES	1~3	<10	<10 min	<1 min	Kommerziell	<40	<95
Thermal	<350	<50	<10 min	N/A	Reif	<30	<90

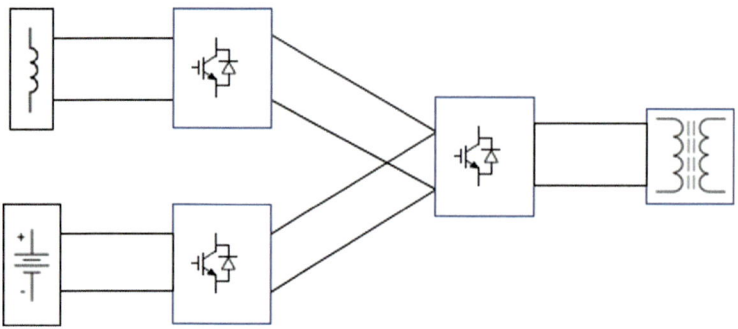

Abb. 3.12 Aktives Parallelmodell adaptiert von [27]

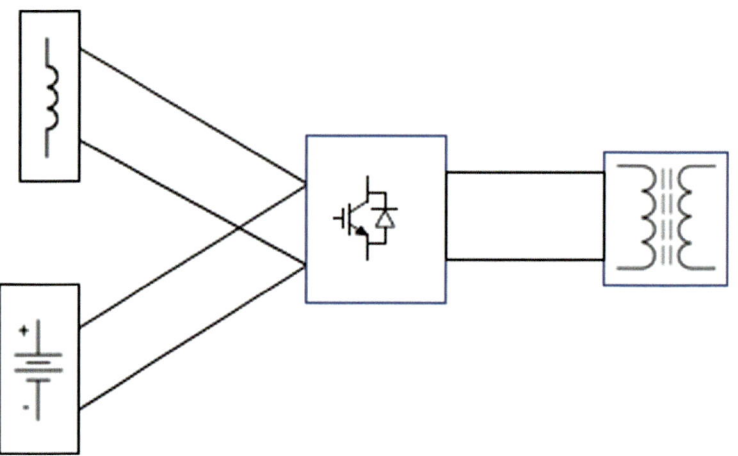

Abb. 3.13 Passives Parallelmodell, adaptiert von [27]

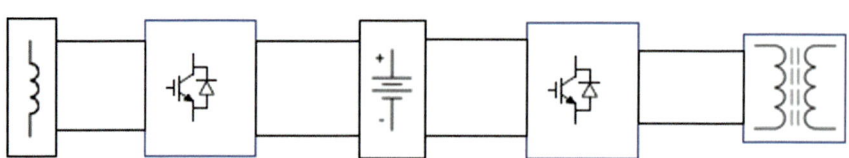

Abb. 3.14 Kaskadenmodell adaptiert von [27]

3.5 Diskussion

Tab. 3.2 Zusammenfassung der Eigenschaften der hybriden Architekturen [27]

	Aktiv parallel	Passiv parallel	Kaskade
Skalierbarkeit	Die Skalierbarkeit ist höher, da die Anzahl der Leistungsumwandlungsschritte zwischen jedem ESS und der Last immer zwei beträgt und der Leistungsumwandlungsverlust nicht zunimmt, wenn die Heterogenität zunimmt	Begrenzung durch ein einzelnes Anpassungssystem	Die Skalierbarkeit in diesen Systemen ist auf den Betrieb beschränkt
Flexibilität	Es können verschiedene Steuerungs- und Energiemanagementstrategien implementiert werden	Es gibt keine Flexibilität bei der Auswahl der Nennspannung der ESS	Mangel an Freiheit in der Kontrollpolitik
Betrieb	Jedes ESS kann mit seiner spezifischen Spannung betrieben werden, was die Optimierung der spezifischen Leistung und der spezifischen Energie mit der besten verfügbaren Technologie ermöglicht	Einfachheit, aber die Stromverteilung zwischen den ESS ist unkontrolliert und wird nur durch die Faktoren bestimmt, die mit der Spannung variieren	Bietet Entkopplung der ESS, die aktives Energiemanagement durch den Einsatz zusätzlicher Leistungsanpassung zwischen den ESS ermöglicht
Kosten	Teurer	Weniger teuer	Teuer
Anderes	Die Stabilität wird auch verbessert, da ein Ausfall einer Quelle den Betrieb der anderen immer noch ermöglicht	Einfache Implementierung	Die Kaskadenarchitektur ist in Bezug auf die Skalierbarkeit eingeschränkt, da sie mehr Umwandlungsverluste erleidet, wenn die Anzahl der Leistungsumwandlungsschritte zunimmt

Energiedichte nicht bewältigen können. Abb. 3.15 zeigt die Verteilung der Generatorsysteme von Smartcity Málaga [10].

In diesem Fall muss die Steuerausrüstung des Speichersystems aus einem Automaten bestehen, der mit verschiedenen Modulen ausgestattet ist. Die Kommunikation der PLC-Signale kann über das konventionelle Telefon-Datenkommunikationsnetz unter Verwendung von TCP/IP-Protokollen, über ein drahtloses Telefonsicherungssystem, falls die Telefonverbindung per Kabel ausfällt, oder über Power Line Communications (PLC), unter Verwendung von Stromkabeln als Unterstützung für Kommunikation, erfolgen.

Abb. 3.15 Verteilte Erzeugung in der Smartcity Málaga. (Quelle: [10])

3.6 Schlussfolgerungen

Wir haben ein SMES-System entworfen und simuliert, das an das spanische Stromnetz angepasst werden kann. Das richtige Verständnis der Funktionsweise dieser Speichersysteme ermöglicht ihre Einbeziehung in das spanische Elektrizitätssystem. Durch die Simulation haben wir das Verhalten der Systeme und die Vorteile, die sie für so komplexe Systeme wie Smart Cities bringen können, gesehen.

Elektrische Energiespeichersysteme mit hoher Leistungsdichte können verwendet werden, um Schwankungen in Frequenz und Spannung zu eliminieren und Industrien zu unterstützen, die mit Verbrauchern wie Drehstrom-Induktionsmotoren die Harmonische und Netzschwankungen bewirken können, die die Qualität des Stroms beeinflussen. Der Stromspitzenwert für den Start des Elektromotors kann zu Ungleichgewichten im elektrischen Netz beitragen, die indirekt andere angeschlossene Lasten beeinflussen. Aus diesem Grund können Smart Cities in Industriegebieten, in denen der Einsatz von ESS mit hoher Energiedichte, wie z. B. Batterien oder andere Systeme, nicht die für diese Art von Lasten erforderlichen Anlaufstromspitzen decken kann, einen großen Vorteil darstellen. Wir müssen die Eigenschaften der Smart Cities selbst berücksichtigen. Das elektrische und energetische System dieses Konzepts basiert auf Energieeinsparung und Steigerung der Effizienz in seiner Erzeugung, Übertragung, Versorgung und Nutzung.

Trotz der technischen Vorteile, die die SMES-Systeme dem spanischen Stromnetz bieten, gibt es mehrere negative Punkte, die die Implementierung und Entwicklung in elektrischen Systemen behindern. Neben den hohen Bau- und Betriebskosten im Vergleich zu anderen EES mit ähnlichen Eigenschaften, besteht die Notwendigkeit, Hybridsysteme zusammen mit EES mit hoher Energiedichte zu bilden.

SMES haben für sich genommen wenig Zukunft, solange die technischen Eigenschaften sich nicht verbessern, wie beispielsweise die Erhöhung der Energiedichte oder die Hinzufügung eines Systems, das eine Arbeit mit einem kontinuierlichen Versorgungsregime ermöglicht. Dies impliziert die Notwendigkeit, hybride Konfigurationen zu entwickeln, die diese Nachteile überwinden können.

Anhang 1

Um die maximale Energie des SMES-Systems zu ermitteln, muss berücksichtigt werden, dass es aus einer Spule eines bestimmten Materials mit einer angegebenen geometrischen Form besteht. Dafür wird die Speicherenergie einer Spule durch die Induktivität und den Strom gegeben.

$$E = \frac{1}{2} L_{SMES} I^2 \qquad (3.1)$$

Nach dem Transformator ist der nächste Schaltungsteil der sternförmig verbundene LCL-Filter, Abb. 3.16. LCL-Filter sind speziell entworfen, um die Harmonischen des von 6-Puls-Stromwandlern aufgenommenen Stroms zu eliminieren. Sie sind im Wesentlichen passive Filter, die auf einer Serienparallelkombination von Spulen und Kondensatoren basieren, angepasst, um den Eingang der Stromwandler zu filtern.

Die LCL-Passivfilter haben einen hohen Gütefaktor, daher zeigen sie eine geringe Dämpfung zur Resonanzfrequenz, die Instabilität im System verursachen kann. Eine Möglichkeit, die Dämpfung zu erhöhen, besteht darin, einen

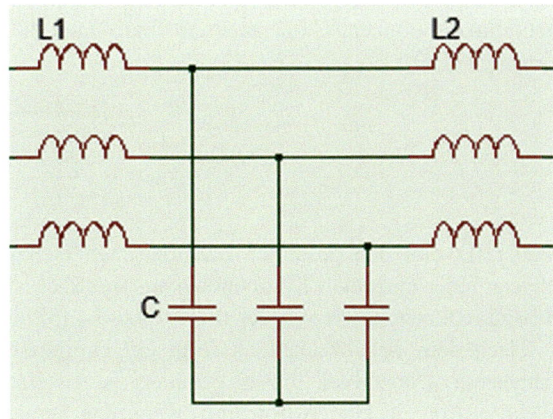

Abb. 3.16 LCL-Filterkreislauf angepasst von [9]

Widerstand in Serie mit dem Kondensator hinzuzufügen. Es sollte beachtet werden, dass die Auswahl eines sehr großen Ohm'schen Widerstands die Schwingung bei der Resonanzfrequenz sowie die Effizienz des Systems stark reduzieren wird. Mit all dem und unter Vernachlässigung des Widerstandswertes erhalten wir eine Übertragungsfunktion [31]:

$$\frac{I_2}{V_a}(s) = \frac{1}{sL_1L_2C\left(s^2 + \omega_{res}^2\right)} \quad (3.2)$$

Mit:

$$\omega_{res} = \sqrt{\frac{L_1 + L_2}{L_1L_2C}} \quad (3.3)$$

Es sollte beachtet werden, dass der Wert des Kondensators C mit dem Strom der maximalen Blindleistung zusammenhängt, der vom Wechselrichter zugelassen wird:

$$Z_C = \frac{V_0}{I_c} \quad (3.4)$$

Und:

$$C = \frac{1}{\omega \cdot Z_C} \quad (3.5)$$

Es ist ω die Frequenz des Netzes in rad/s.

Die Resonanzfrequenz des LCL-Filters sollte zwischen dem 10-fachen der Netzfrequenz und der halben Schaltfrequenz liegen, um Resonanzprobleme im unteren und oberen Teil des harmonischen Spektrums zu vermeiden [32].

$$10 \cdot \omega \leq \omega_{res} \leq \frac{\omega_{con}}{2} \quad (3.6)$$

Es ist auch notwendig, Parameter zu berücksichtigen, die die Qualität des Signals beeinflussen können. Unter anderem findet man die Oberschwingungsgesamtverzerrung (THD):

$$THD = \frac{1}{V_{01}} \cdot \sqrt{\sum_{n=2,3,\ldots}^{\infty} V_{0n}^2} \quad (3.7)$$

Die THD gibt den gesamten harmonischen Gehalt an, zeigt jedoch nicht das Niveau jeder einzelnen Komponente an. Das Ziel ist es, die THD auf Werte nahe 8 % zu reduzieren, wie von der IEC-61000-3.4 [33] und IEEE-519 gefordert.

Nach dem Schaltkreisblock folgt ein Dreiphasenwandler, wie in Abb. 3.17 dargestellt. Der Zweck dieses Wandlers ist zweifach, einerseits wandelt er den Wechselstrom in Gleichstrom um, wenn das Speichersystem geladen wird, und

Anhang 1						89

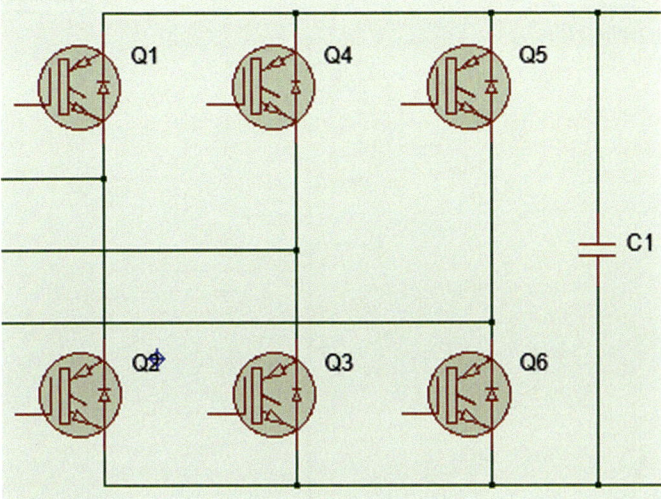

Abb. 3.17 Wandlerkreis. (Quelle: [10] Angepasst von [9])

andererseits wandelt er den Gleichstrom der geladenen Spule in Wechselstrom um, wenn Strom ins Netz eingespeist werden soll. Dieser Block kann ungeregelt oder durch das Steuersystem der IGBTs geregelt arbeiten, mit dem Ziel, die Wellenqualität zu verbessern.

Dieser Schaltkreis besteht aus einer Brücke von 6 IGBT-Leistungstransistoren mit parallelen Schutzdioden. Ein Kondensator wird dann verwendet, um die Ladespannung zu stabilisieren. Um die charakteristische Kapazität des Kondensators zu ermitteln, muss die Eingangsleistung des Wechselrichters berücksichtigt werden, wie in Gleichung (3.8) gezeigt.

$$C = \frac{P_n}{2 \cdot \omega \cdot v_0 \cdot \Delta v_0} \qquad (3.8)$$

Mit:

v_0 ist die mittlere Spannung im Kondensator, und
Δ_{v0} ist die zulässige Spannungsschwankung im Kondensator (1 %).

Diese Wandler-Schaltung arbeitet in 3 Modi. Im ersten, im Ladungsmodus, fungiert der Wandler als Gleichrichter, in diesem Fall verwendet der Chopper die Steuerungsstrategie eines Stromkreises. Wenn der Strom den Nennwert erreicht, wird das SMES-System in den permanenten Modus umgeschaltet, um seinen Strom auf einem konstanten Wert zu halten, und speichert so die Energie. Im dritten Modus, dem Entlademodus, verwendet der Chopper die Steuerungsstrategie eines Spannungskreises, der Wandler fungiert als Wechselrichter, um die gespeicherte Energie von der Spule auf das Netz zu übertragen.

Abb. 3.18 Chopper-Schaltung. (Quelle: [10]) Angepasst von [9])

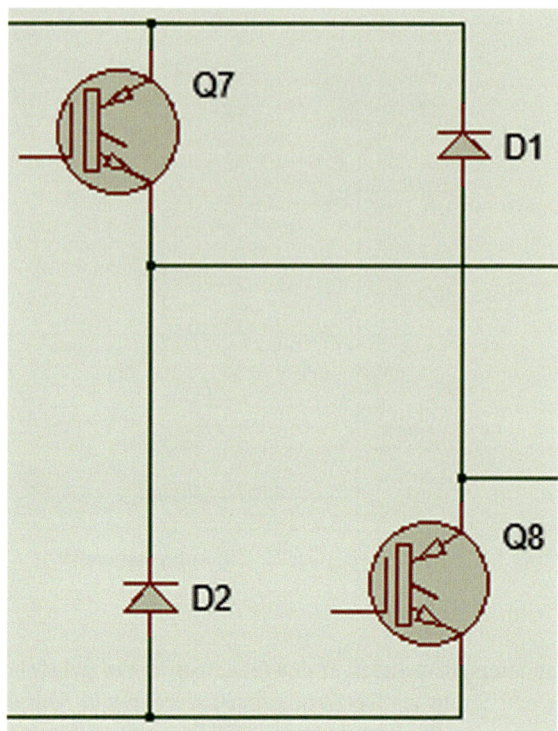

Es ist daher unerlässlich, eine Chopper-Schaltung zu verwenden, die in Abb. 3.18 dargestellt ist, für die ordnungsgemäßen Funktionen eines DC-DC-Wandlers, um den Eingang zur Spule oder ihren Ausgang zu regulieren.

Schließlich gibt es das SMES-System. Dieses System wird in der Schaltung als Spule dargestellt, aber es muss bedacht werden, dass hinter der Spule ein Kryo-System steht, das die leitenden Elemente der Spule ständig auf eine Temperatur unterhalb der kritischen Temperatur kühlt. Von ihm hängt es ab, dass das System keine Verluste im Speicherteil hat, und daher seine Effizienz.

Wie oben angegeben, muss berücksichtigt werden, dass die Induktivität der Spule von ihrer Geometrie und dem verwendeten Material abhängt. Dies beeinflusst die Lade- und Entladezeiten der Spule, ein wesentliches Thema für die Gestaltung eines vollständigen SMES-Systems, zusammen mit dem Hilfselektriksystem, da es eines der Nachteile dieser Systeme ist.

$$i(t) = \frac{u_{dc}}{R_{eq}} \left(1 - e^{\frac{-R_{eq}t}{L}}\right) \tag{3.9}$$

Mit:

u_{dc} ist die Spannung hinter dem Gleichrichter, und
R_{eq} ist der äquivalente Widerstand, der von der Spule gesehen wird.

Anhang 2

Die Speicherung von elektrischer Energie in der Smart City, sowohl auf Niederspannungs- (LV) als auch auf Mittelspannungsebene (MV), wird als verteilte Ressource betrachtet. Die Fähigkeit, elektrische Energie zu speichern, sowie die DG, ermöglicht es, die Netzqualität zu verbessern und Ungleichgewichte in der Nachfragekurve zu reduzieren. Außerdem ermöglichen die ESS, die Nachfrage zu befriedigen, wenn es eine vorübergehende Lücke zwischen der Verbrauchsspitze und der Erzeugung gibt.

Es sollte beachtet werden, dass SMES-Systeme insbesondere eine Reihe von Stärken haben, zu denen folgende [34–41] gehören:

- Kurze Reaktionszeit: Die Reaktionszeit dieser Systeme wird hauptsächlich durch das Datenerfassungssystem begrenzt, sowohl beim Netz als auch beim ESS-System, sowie beim elektronischen Steuersystem. Dennoch zeichnet sich dieses ESS durch eine erheblich niedrigere Reaktionszeit im Vergleich zu anderen Systemen aus.
- Hohe Leistung: Es hat eine hohe Leistung der Energieumwandlung. Hauptsächlich konzentrieren sich die Verluste auf das elektronische Umwandlungssystem.
- Hohe Leistungsdichte: Dies ist eine der Hauptmerkmale, die ihren Einsatz für Industriezonen innerhalb der Smart Cities bemerkenswert machen.
- Breites Anwendungsspektrum: Es gibt viele Anwendungen, in denen es einen zusätzlichen Wert im Vergleich zu anderen ESS bringen kann. Mögliche Anwendungen umfassen Ladeüberwachung, Leistungsreserve, Notfallelemente, unterbrechungsfreie Stromversorgung (UPS), Anpassung von Spannungspegeln und Frequenzregelung oder als Schutzelemente.
- Hohe Lade-/Entladezyklenzahl: Dies verlängert die Lebensdauer dieser Geräte und ist auf das Fehlen von mechanischen Elementen zurückzuführen, die sich tendenziell mehr abnutzen als die elektrischen Elemente.
- Spezialisierte Arbeit: Der Bau dieser Art von Systemen ermöglicht die Schaffung von hochqualifizierten Arbeitsplätzen während der Betriebszeit, wobei hervorzuheben ist, dass dieser Zeitraum in der Regel sehr lang ist.

Abgesehen von der großen Anzahl gezeigter Vorteile gibt es einige Nachteile, die derzeit verhindern, dass SMES-Systeme weiter verbreitet sind. Unter diesen können wir hervorheben:

- Hohe Herstellungskosten: Dies ist der Hauptnachteil dieser Art von Systemen. Diese hohen Kosten resultieren hauptsächlich aus der Herstellung von Supraleitern und Kryotechnik.
- Niedrige Energiedichte: Diese Systeme können in kurzer Zeit viel Energie liefern. Dies kann ein Nachteil sein, wenn es beabsichtigt ist, kontinuierliche Hilfsstromsysteme zu haben.
- Mögliche Gesundheitsrisiken durch die erzeugten Magnetfelder: Obwohl es keine Studien gibt, die diese Aussage bestätigen oder vollständig widerlegen, ist es ein Thema, das soziale Ablehnung hervorrufen kann, im gleichen Stil wie ein Kernkraftwerk.

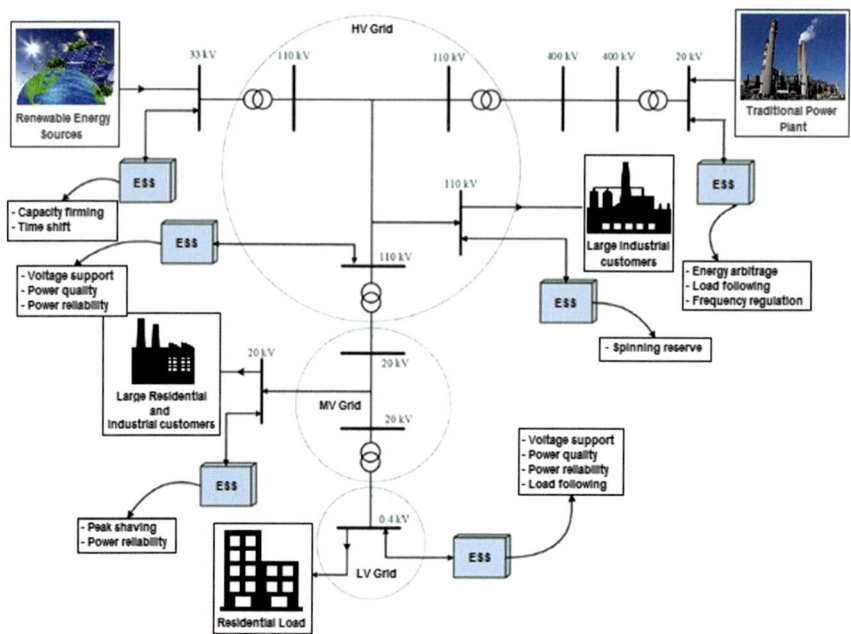

Abb. 3.19 Standort von ESS im Stromnetz. (Quelle: [10] Angepasst von [35])

In Abb. 3.19 kann ein Beispiel-Schema mit der Position der Speichersysteme in den Smart Grids betrachtet werden, unter Berücksichtigung der Hauptfunktion, die sie im System erfüllen. Es ist auch möglich, die Unterscheidung nach Spannungsstufen entsprechend dem Segment des Netzes zu beobachten:

Im Konzept der Smart City verfügt das Speichersystem über Steuergeräte, Anpassung und Kopplung an das Netz. Zu den Hauptgeräten, die diese Systeme bilden, gehören:

- Speichersystem: Bestehend aus dem SMES-System und dem Kühlsystem.
- Lade-/Entladesystem: Element, das den Ladezustand des SMES-Systems liefert.
- Anpassungssystem: Passt Spannung und Frequenz zwischen dem Verteilnetz und dem Speichersystem an.
- Kontrollsystem: Element, das für die Verwaltung des Systems zuständig ist, unter Berücksichtigung der verschiedenen Richtlinien.

Dieses System kann durch ein Blockdiagramm in Abb. 3.20 zusammengefasst werden, in dem all diese Komponenten schematisch dargestellt sind.

Dieses Schema kann in den Schaltkreis der Symbole umgewandelt werden, der in Abb. 3.3 dargestellt ist, wo die oben diskutierten Geräte spezifiziert sind. Es handelt sich um ein auf die Simulation ausgerichtetes System, so dass diese Blöcke in den Filter LCL, den Konverter, den Chopper und das Speichersystem SMES übersetzt werden, das mit einer Spule dargestellt und mit dem gesamten

Anhang 2

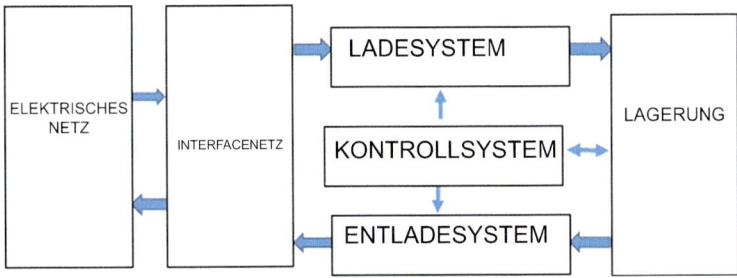

Abb. 3.20 Schematische Darstellung des Speichersystems. (Quelle: [10, 42])

Kühlsystem assoziiert ist. Für ein reales System sollten Weichanlaufelemente oder Systemschutzelemente, wie Schütze, berücksichtigt werden.

Eines der wichtigsten Elemente von netzgekoppelten Speichersystemen sind die parallelen Überwachungs- und Steuerungssysteme, die in der Lage sind, sich an die Signale anzupassen, und die die Fähigkeit haben, für den korrekten Betrieb des gesamten Systems zu handeln. Einige dieser Steuergrößen sind:

- Spannung und Strom am Eingang und Ausgang des Filters.
- Spannung U_{DC} im Kondensator C_2, nach dem Ausgang des Wechselrichters.
- Strom am Eingang/Ausgang zum SMES-System.

Neben den angegebenen Größen sowie den Steuerelementen des Wechselrichters und des Choppers muss die Kühlsteuerung des SMES-Systems berücksichtigt werden. Dies impliziert die Notwendigkeit, die Temperatur der Spule unter ihrer kritischen Temperatur zu halten. Die kritische Temperatur T_c hängt vom verwendeten Material ab, LTS (*NbTi*) und HTS (*YBCO, BSCCO*) [43]. Dieses Kühlsystem ist in der Regel mit dem globalen Steuerungssystem verknüpft, das oben diskutiert wurde.

Dieses Steuerungssystem kann in Abb. 3.21 zusammengefasst werden, obwohl es je nach Konfiguration in Blöcken (D-SMES), seiner Anwendung oder ob es Teil eines Hybrid-Speichersystems ist, variieren kann [27]. Diese Systeme müssen auch die Qualität von Spannung und Frequenz im Netz überwachen, damit die Lastspannung für den ordnungsgemäßen Betrieb berücksichtigt wird.

Unter Berücksichtigung der momentanen Last und der Qualität des elektrischen Stroms muss das Überwachungs- und Betriebssystem die verschiedenen Sollwerte für die Aktivierung der IGBT-Schalter, S1–S8, mit einer bestimmten Aktivierungssequenz senden. Sie müssen auch den Ladezustand des ESS im Auge behalten, falls das Laden oder Aufladen zu einem gegebenen Zeitpunkt machbar ist, oder ob es notwendig ist, die gespeicherte Energie im Stand-by zu halten.

Unabhängig von den verwendeten Geräten müssen die Ströme und Betriebsspannungen für die richtige Auswahl dieser Geräte berücksichtigt werden. Eines der Probleme, die auftreten können, ist die Überhitzung der Halbleiter, insbesondere der IGBTs und Dioden. Obwohl es sich um Leistungselemente handelt

94   3 Technischer Ansatz für die Einbeziehung von supraleitenden …

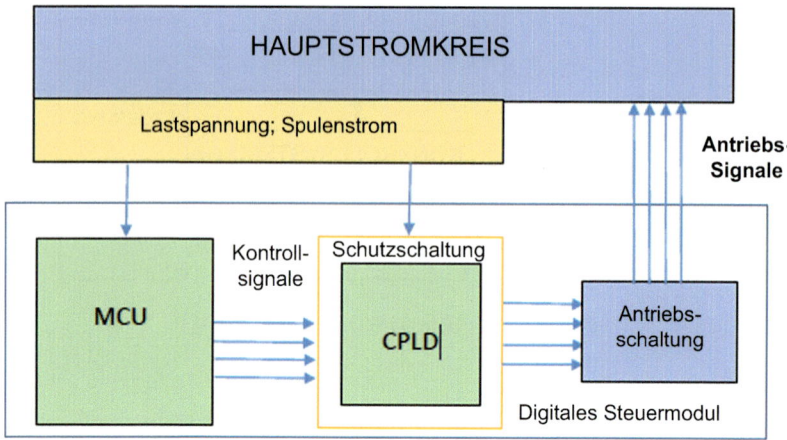

Abb. 3.21 Kontrollmodul eines SMES-Systems, angepasst von Ref. [44]

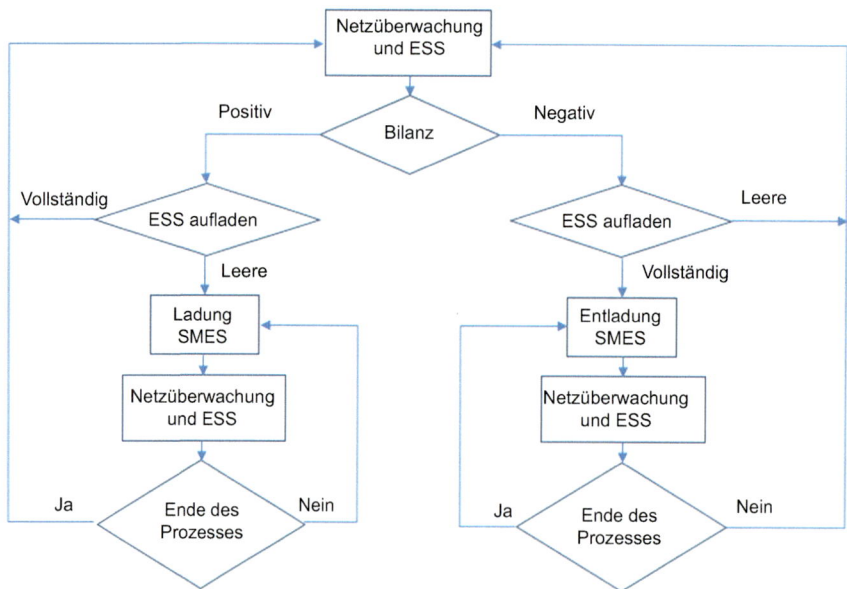

Abb. 3.22 Steuerdiagramm eines SMES-Systems. (Quelle: Eigene Ausarbeitung)

und sie für große Ströme ausgelegt sind, sind sie die Hauptelemente, die Verluste im Betrieb verursachen können, daher kann die Auswahl eines geeigneten Bauteils entsprechend Arbeitsstrom und -spannung diese Verluste erheblich reduzieren oder sogar Systemausfälle verhindern [45]. Aus diesem Grund ist das Design der

Flüssigkeitskühlsysteme relevant, um die Ohm'schen Verluste in den Halbleitern zu reduzieren, [46–49].

Abb. 3.22 zeigt ein grundlegendes Ablaufdiagramm zur Steuerung des Ladens oder Entladens des SMES-Systems.

Anhang 3

Das Projekt Smartcity Malaga wurde 2008 von Endesa [10] gestartet, einem Unternehmen, das sich auf dieses und andere ähnliche Projekte in Konzepten wie folgenden konzentriert:

- Verbesserter Betrieb des Netzes.
- Effizienzsteigerung.
- Die Integration erneuerbarer Energien durch dezentrale Erzeugung.

Es ist notwendig, als Referenz zu haben, dass das für das Projekt Smartcity Malaga verwendete Speichersystem auf einem wiederaufladbaren Lithium-Ionen-Batteriesystem basiert. Der gesamte Satz installierter Batterien besteht aus 60 Modulen, mit 1,766 kWh pro Modul, also einem Gesamtspeicher von 106 kWh.

Darüber hinaus hat Endesa an F&E-Projekten wie DENISE [50] und STORE [51] teilgenommen und dabei sehr interessante theoretische Ergebnisse erzielt, die Smartcity Málaga gesammelt und in der Stadt Málaga in realer Größe demonstriert hat, wobei eine sehr wichtige Menge an Mitteln mobilisiert wurde. Das Netz des Smartcity Málaga-Projekts besteht aus drei unterschiedlichen Bereichen [10]. Auf der obersten Ebene befindet sich das MPLS-Netz. Auf einer zweiten Ebene gibt es das sogenannte Verteilnetz (aus der Sicht der Kommunikation), das die Kontrollzentren (in Sevilla gelegen) und das Operations Management Centre mit den Haupt-HV-Unterstationen verbindet. Es besteht aus einem Hauptkreis, der in zwei Segmente unterteilt ist, je nach der verwendeten Übertragungstechnologie, nämlich:

1. Ring im Inneren der Provinz Malaga. Direkte Verbindung zu optischen Fasern unter Verwendung von nativer IP-Technologie (Gigabit Ethernet). Verfügbare Bandbreite 1 Gbit/s.
2. Verbindungen nach Sevilla, die durch die Übertragung des IP über SDH-Technologie durchgeführt werden. Verfügbare Bandbreite 50 Mbit/s.

Die für die Ringredundanz und die Kapillarität des Netzes verwendeten Verbindungen sind Verbindungen mit 2 Mbit/s und 64 kbit/s, abhängig von den vorhandenen Übertragungstechnologien. Für dieses Glasfasernetz wurde ein Gigabit Ethernet-Ring gebaut, der die Integration aller Dienste auf eine sichere, flexible und effiziente Weise ermöglicht. Schließlich gibt es das Zugangsnetz, das aus den Transformationszentren besteht, die mit einer oder mehreren HV-Unterstationen kommunizieren.

Literatur

1. Red Eléctrica de España, REE. http://www.ree.es/es/red21/redes-inteligentes/que-son-las-smartgrid. Zugegriffen: 22 Mai 2018
2. Red Española de Ciudades Inteligentes, RECI. http://www.redciudadesinteligentes.es. Zugegriffen: 22 Mai 2018
3. SMART CITIES (2015) Documento de visión a 2030. Grupo Interplataformas de Ciudades Inteligentes, GICI
4. Los antecedentes y el estado de arte de la Generación Distribuida en España. SUELOSOLAR. http://www.suelosolar.com/newsolares/newsol.asp?id¼47091. Zugegriffen: 22 Mai 2018
5. Colmenar-Santos A, Rosales-Asensio E, Borge-Diez D, Blanes-Peiró J (2016) District heating and cogeneration in the EU-28: current situation, potential and proposed energy strategy for its generalization. Renew Sustain Energy Rev 62:621e39
6. 7° Congreso Aula Greencities. Las comunidades energéticas y la generación distribuida (2012). http://aulagreencities.coamalaga.es/las-comunidadesenergeticas-y-la-generaciondistribuida/. Zugegriffen: 22, 0852018
7. Centros de Transformación MT/BT. Schneider Electric. http://umh2223.edu.umh.es/wp-content/uploads/sites/188/2013/02/04-II-Master-Cuaderno-Tecnico-PT-004-Centros-de-Transformacion-MT-BT.pdf. Zugegriffen: 22 Mai 2018
8. Ren L, Tang Y, Shi J, Dou J, Zhou S, Jin T (2013) Techno-economic evaluation of hybrid energy storage technologies for a solar–wind generation system. Physica C 484:272–275
9. Zhu J, Qiu M, Wei B, Hongjie Z, Lai X, Yuan W (2013) Design, dynamic simulation and construction of a hybrid HTS SMES (high-temperature superconducting magnetic energy storage systems) for Chinese power grid. Energy 51:184–192
10. Endesa. Smartcity Malaga: A model of sustainable energy management for cities of the future. https://www.endesa.com/content/dam/enel-es/endesaen/home/prensa/publicaciones/otraspublicaciones/documentos/SMARTCITY%20MALAGA.%20A%20MODEL%20OF%20SUSTAINABLE%20ENERGY%20MANAGEMENT%20FOR%20CITIES%20....pdf. Zugegriffen: 22 Mai 2018
11. Ciudades Inteligentes (2012) Ruta Hoja de. Observatorio Tecnológico de la Energía (OBTEN) – IDEA
12. Borge-Diez D, Colmenar-Santos A, Perez-Molina C, Castro-Gil M (2012) Experimental validation of a fully solar-driven triple-state absorption system in small residential buildings. Energy Build 55:227–237
13. Global EV outlook (2015) IEA, Paris. https://www.iea.org/
14. Global Energy Storage Database, Sandia national laboratories. http://www.energystorage-exchange.org/. Zugegriffen: 22 Mai 2018
15. Saboori H, Hemmati R, Jirdehi MA (2015) Reliability improvement in radial electrical distribution network by optimal planning of energy storage systems. Energy 93:2299–2312
16. Ould-Amrouche S, Rekioua D, Rekioua T, Bacha S (2016) Overview of energy storage in renewable energy systems. Int J Hydrogen Energy 45:20914–20927
17. Jin JX, Chen XY (2012) Study on the SMES application solutions for smart grid. Phys Proced 36:902–907
18. Aly MM, Abdel-Akher M, Said SM, Senjyu T (2016) A developed control strategy for mitigating wind power generation transients using superconducting magnetic energy storage with reactive power support. Elec Power Energy Syst 83:485–494
19. Farhadi-Kangarlu M, Alizadeh-Pahlavani MR (2014) Cascaded multilevel converter based superconducting magnetic energy storage system for frequency control. Energy 70:504–513
20. Zhu J et al (2015) Experimental demonstration and application planning of high temperature superconducting energy storage system for renewable power grids. Appl Energy 137:692–698
21. Hasan NS, Hasan MY, Majid MS, Rahman HA (2013) Review of storage schemes for wind energy systems. Renew Sustain Energy Rev 21:237–247

22. Dargahi V, Sadigh AK, Pahlavani MRA, Shoulaie A (2012) DC (direct current) voltage source reduction in stacked multicell converter based energy systems. Energy 46:649–663
23. Tan X, Li Q, Wang H (2013) Advances and trends of energy storage technology in microgrid. Elec Power Energy Syst 44:179–191
24. Mariam L, Basu M, Conlon MF (2016) Microgrid: architecture, policy and future trends. Renew Sustain Energy Rev 64:477–489
25. Bose BK (2002) Modern power electronics and AC drives. Prentice Hall PTR. http://een.iust.ac.ir/profs/Arabkhabouri/Electrical%20Drives/Books/Bimal%20K.%20Bose-Modern%20power%20electronics%20and%20AC%20drives%20%20-Prentice%20Hall%20PTR%20(2002).pdf
26. Reglamento Electrotécnico de Baja Tensión (2015). http://www.construccionescasaalba.es/blog/instalacion_electrica/rebt-reglamentoelectrotecnico-de-baja-tension/
27. Hemmati R, Saboori H (2016) Emergence of hybrid energy storage systems in renewable energy and transport applications – a review. Renew Sustain Energy Rev 65:11–23
28. Li J, Gee AM, Zhang M, Yuan W (2015) Analysis of battery lifetime extension in a SMES-battery hybrid energy storage system using a novel battery lifetime model. Energy 86:175–185
29. Louie H, Strunz K (2007) Superconducting magnetic energy storage (SMES) for energy cache control in modular distributed hydrogen-electric energy systems. IEEE Trans Appl Supercond 17:2361–2364
30. Palizban O, Kauhaniemi K (2016) Energy storage systems in modern grids matrix of technologies and applications. J Energy Storage 6:248–259
31. Nieves-Portana M (2010) Diseño de filtros de acoplamiento para convertidores en fuente de tensión: aplicaciones en la calidad de onda. Universidad de Sevilla, Escuela Técnica Superior de Ingeniería. Departamento de Ingeniería Eléctrica. http://bibing.us.es/proyectos/abreproy/70304/fichero/PFM_MANUEL_NIEVES_PORTANA.pdf
32. Liserre M, Blaabjerg F, Hansen S (2005) Design and control of an LCL-lter-based three-phase active rectifier. Ind Appl IEEE Trans 5:1281–1291
33. IEC, International Electrotechnical Commision. http://www.iec.ch/. Zugegriffen: 22 Mai 2018
34. Aneke M, Wang M (2016) Energy storage technologies and real life applications – a state of the art review. Appl Energy 179:350–377
35. Palizban O, Kauhaniemi K (2016) Energy storage systems in modern grids – matrix of technologies and applications. J Energy Storage 6:248–259
36. Kousksou T, Bruel P, Jamil A, El Rhafiki T, Zeraouli Y (2014) Energy storage: applications and challenges. Sol Energy Mater Sol Cells 120:59–80
37. Luo X, Wang J, Dooner M, Clarke J (2015) Overview of current development in electrical energy storage technologies and the application potential in power system operation. Appl Energy 137:511–536
38. Zheng M, Meinrenken CJ, Lackner KS (2015) Smart households: dispatch strategies and economic analysis of distributed energy storage for residential peak shaving. Appl Energy 147:246–257
39. Chatzivasileiadi A, Ampatzi E, Knight I (2013) Characteristics of electrical energy storage technologies and their applications in buildings. Renew Sustain Energy Rev 25:814–830
40. Ferreira HL, Garde R, Fulli G, Kling W, Lopes JP (2013) Characterisation of electrical energy storage technologies. Energy 53:288–298
41. Colmenar-Santos A, Linares-Mena AR, Velazquez JF, Borge-Diez D (2016) Energyefficient three-phase bidirectional converter for grid-connected storage applications. Energy Convers Manag 127:599–611
42. Akinyele DO, Rayudu RK (2014) Review of energy storage technologies for sustainable power networks. Sustain Energy Technol Assess 8:74–91
43. Hirano N, Watanabe T, Nagaya S (2016) Development of cooling technologies for SMES. Cryogenics 80:210–214

44. Hossain J, Mahmud A (2014) Large scale renewable power generation: advances in technologies for generation, transmission and storage. Springer Science & Business Media
45. Datasheet IGBT: FD400R33KF2C-K. http://www.mouser.com/ds/2/196/Infineon-FD400R33KF2C_K-DS-v02_02-en_cn-464697.pdf. Zugegriffen: 22 Mai 2018
46. Refrigeración líquida directa de módulos de potencia en convertidores para la industria eólica. http://www.convertronic.net/Control-termico/refrigeracionliquida-directa-de-modulos-de-potencia-en-convertidores-para-la-industriaeolica.html. Zugegriffen: 22 Mai 2018
47. Kim SC (2013) Thermal performance of motor and inverter in an integrated starter generator system for a hybrid electric vehicle. Energies 6(11):6102–6119
48. Teodori E, Ponter P, Moita A, Georgoulas A, Marengo M, Moreira A (2017) Sensible heat transfer during droplet cooling: experimental and numerical analysis. Energies 10(6):790
49. Li J, Jiang Y, Yu S, Zhou F (2015) Cooling effect of water injection on a high-temperature supersonic jet. Energies 8(11):13194–13210
50. DENISE. Inteligent, secure and efficient energy distribution. http://www.cedint.upm.es/en/project/denise. Zugegriffen: 22 Mai 2018
51. STORE. http://www.store-project.eu/. Zugegriffen: 22 Mai 2018

Kapitel 4
Analyse eines Elektrofahrzeugs mit einem Hybrid-Speichersystem und der Verwendung von supraleitenden magnetischen Energiespeichern (SMES)

Abkürzungen

AC	Alternate Current (Wechselstrom)
AFDC	Alternative Fuels Data Center
ANSI	American National Standards Institute
BEV	Battery Electric Vehicle (batterieelektrisches Fahrzeug)
C2ES	Center for Climate and Energy Solutions
DC	Direct Current (Gleichstrom)
DOE	Department of Energy
EDLC	Electrostatic double-layer capacitors (Doppelschichtkondensator)
ETS	Emissions Trading Schemes (EU-Emissionshandelssystem)
EV	Electric Vehicle (elektrisches Fahrzeug)
FC	Fuel Cell (Brennstoffzelle)
FCEV	Fuel Cell Electric Vehicle (Brennstoffzellen-Fahrzeug)
FEV	Full Electric Vehicle (vollelektrisches Fahrzeug)
GHG	Green House Gas (Treibhausgas)
HEV	Hybrid Electric Vehicle (hybridelektrisches Fahrzeug)
HoC	Heat of Combustion (Brennwert)
HTS	High Temperature Superconductor (Hochtemperatursupraleiter)
ICE	Internal Combustion Engine (Verbrennungsmotor)
IEC	International Electrotechnical Commission
ISO	International Organization for Standardization
LTS	Low Temperature Superconductor (Tieftemperatur-Supraleiter)
mHEV	Mild Hybrid Electric Vehicle (Mild-Hybrid-Fahrzeug)
PHEV	Plug-Hybrid Electric Vehicle (Plug-in-Hybrid-Fahrzeug)
REE	Red Eléctrica de España (spanischer Netzbetreiber)
REEV	Range Extended Electric Vehicle (Range-Extender-Pkw)
SAC	Standardization Administration of the People's Republic of China

© Der/die Autor(en), exklusiv lizenziert an Springer Nature Switzerland AG 2025
A. Colmenar-Santos et al., *Supraleitende magnetische Energiespeichersysteme (SMES) für dezentrale Versorgungsnetze*,
https://doi.org/10.1007/978-3-031-96053-6_4

SAE	Society of Automotive Engineers
SMES	Supraleitende magnetische Energiespeicher
SOC	State of Charge (Ladungszustand)
STRIA	Strategic Agenda for Research and Innovation in Transport (Strategische Verkehrsforschungs- und Innovationsagenda der EU)
T_c	Kritische Temperatur
TRIMIS	Transport Research and Innovation Monitoring and Information System (Überwachungs- und Informationssystem für die Verkehrsforschung und -innovation der EU)
USA	United States of America
V2G	Vehicle to Grid (E-Fahrzeug, dessen Batterie netzdienlich eingesetzt werden kann)
ZEV	Zero Emission Vehicle (Null-Emissions-Fahrzeug)

4.1 Einführung

Die Nutzung von Elektroautos wird immer dringlicher. In den letzten Jahren wird der Gebrauch und Kauf von Elektrofahrzeugen (EV) und Hybriden (HEV) mit dem letztendlichen Ziel der Reduzierung von Treibhausgasen (GHG) gefördert, wie es das Pariser Abkommen vorsieht [1]. Im Jahr 1834 stellte Thomas Davenport das erste Elektrofahrzeug in den Vereinigten Staaten von Amerika (USA) vor [2], und im Jahr 1851 erreichte Charles G. Pages Fahrzeug eine Geschwindigkeit von 31 km/h [3] ein Jahr später wurde das erste Auto in den USA verkauft.

Die Hauptgründe für die Förderung von Elektro- und Hybridfahrzeugen sind dreifach:

- Umweltverträglichkeit: Sie sind eine nachhaltige Alternative zu Verbrennungsmotoren (ICE). Der Automobilsektor muss sich in Richtung umweltfreundlichere Mobilität wandeln.
- Wirtschaftliche Nachhaltigkeit: Die wichtigsten erdölproduzierenden Länder sind sozio-politisch instabil, was zu Schwankungen in den Kosten für fossile Brennstoffe führt.
- Energie-Nachhaltigkeit: Elektrofahrzeuge stellen eine wichtige Alternative zu Öl und einen geeigneten Weg zur Integration erneuerbarer Energien in den Verkehr dar. Es ermöglicht auch die Verbesserung der Energieeffizienz des Elektrizitätssektors durch sogenannte V2G (Vehicle to Grid) [4, 5].

Da die Bedeutung und Notwendigkeit der Nutzung von Elektro- und Hybridfahrzeugen für die Mobilität in den kommenden Jahren bekannt ist, sucht diese Studie die Analyse von EV-Speichersystemen sowohl wirtschaftlich als auch auf regulatorischer Ebene, zusammen mit den Ladesystemen durch Netzanschlusssteckdosen, die mit EVs verbunden sind. Diese Bedeutung wird in Abb. 4.1 gezeigt, die die Entwicklung der EV-Verkäufe weltweit zeigt, und in Abb. 4.2, die Gesamtzahl der EVs in bestimmten Regionen oder Ländern.

4.1 Einführung

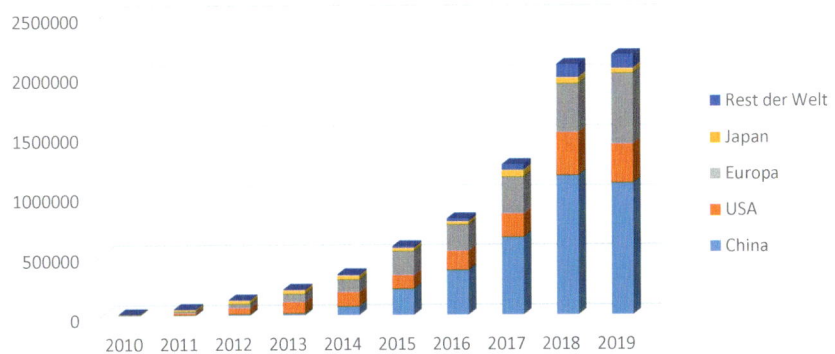

Abb. 4.1 EV-Verkäufe nach Region oder Land [6]

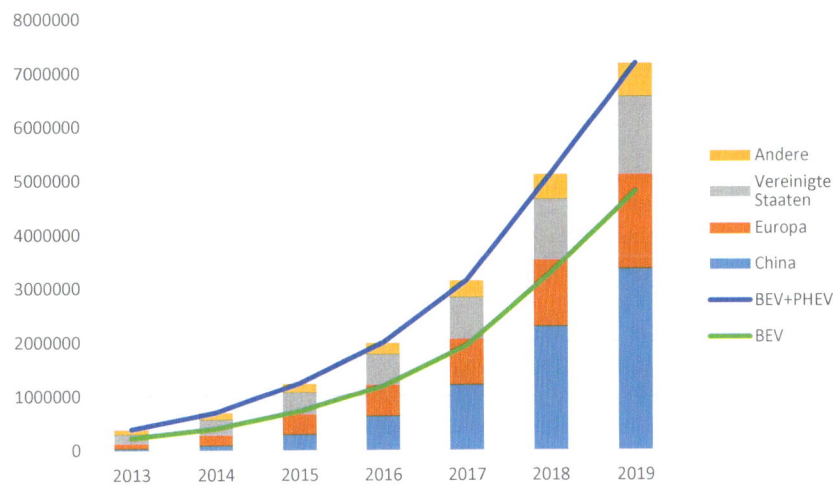

Abb. 4.2 Gesamtbestand an EVs nach Region oder Land [6]

Abb. 4.2 zeigt ein exponentielles Wachstum in allen Ländern der Welt und den Unterschied zwischen BEVs (Battery Electric Vehicle) und PHEVs (Plug-in Hybrid Electric Vehicle). Abgesehen von dem, was die Diagramme zeigen, haben die meisten Länder prognostiziert, dass ihre Fahrzeugflotten, oder zumindest der größte Teil ihrer Fahrzeugverkäufe, von diesem Typ sein werden.

Andererseits, aufgrund der Eigenschaften von EVs und wegen der häufigen Starts und Stopps dieser Fahrzeuge, leiden die Lade- und Entladeprofile der Batterien unter starken Schwankungen. Die spezifische Leistung der heutigen Batterien ist viel niedriger als die, die benötigt wird, um solch anspruchsvolle und wiederholte Leistungszyklen zu bewältigen. Eine Option ist die Realisierung eines hybriden Speichersystems mit einigen grundlegenden Anforderungen [7–11]. Diese Anforderungen basieren auf dem Erreichen eines Designkompromisses zwischen spezifischer Energie, hauptsächlich bereitgestellt durch die Batterie, spezifischer Leistung, bereitgestellt durch ein anderes Speichersystem, und einer langen Lebensdauer.

In den für Elektrofahrzeuge untersuchten Hybridsystemen werden hauptsächlich Batterien und Superkondensatoren (EDLC) verwendet [9, 12–14]. Eine andere Option ist die Nutzung von anderen Systemen mit hoher Leistungsdichte, wie Schwungrädern oder SMES-Systemen, in geringerem Maße.

Das Haupt-Speichersystem mit hoher spezifischer Leistung, das in dieser Studie analysiert werden soll, ist das SMES (supraleitende magnetische Energiespeicher), bei dem die Energie in einer supraleitenden Spule bei einer Temperatur unterhalb der kritischen Temperatur, T_c, gespeichert wird. Diese Technologie wird erforscht und entwickelt, um in verschiedenen Arten von Anwendungen eingesetzt zu werden [15–23], hauptsächlich in Smart Grids oder Smart Cities [4, 15, 21, 24–36], obwohl es auch Forschungen gibt, die sich auf die Verbesserung seiner technischen Eigenschaften konzentrieren [22]. Die Hauptmerkmale, die in diesem Energiespeichersystem (ESS) verfügbar sind, werden in Tab. 4.1 gezeigt. Diese Tabelle zeigt einen Vergleich mit den Haupt-Speichersystemen, die in der Lage sind, die spezifische Leistung zu liefern, die für ein hybrides Speichersystem für die Studie erforderlich ist.

Es ist zu sehen, dass die drei Speichertechnologien ähnliche Eigenschaften haben, aber dass SMES-Systeme eine sehr geringe Reaktionszeit und eine sehr hohe Leistung aufweisen, was ihren Einsatz in Anwendungen für selbstfahrende Fahrzeuge begünstigen könnte. Im Gegensatz dazu können diese Systeme teuer in der Implementierung und Entwicklung in Fahrzeugen sein.

In diesem Kapitel werden ihre Hauptvorteile und Nachteile in hybriden Speichersystemen für elektrische und/oder Hybridfahrzeuge, Kosten, Anwendungsbestimmungen und technische Standards sowie ihre Umwelt- und Wirtschaftsvorteile analysiert. Nach [48] ermöglichen die genannten Kriterien zusammen mit den technischen und sozialen Kriterien die Bewertung eines ESS.

Abschn. 4.2 dieser Studie versucht, die in der hier vorgestellten Forschung verwendeten Methoden zu erklären. In diesem Abschnitt wird eine Übersicht über hybride Speichersysteme in EVs gezeigt, sowie die Gesetzgebung in Bezug auf Elektrofahrzeuge und Ladepunkte, die die Nutzung von EVs auf den Hauptmärkten verbessern. Abschn. 4.3 führt eine wirtschaftliche Kostenanalyse über die Implementierung eines hybriden Systems dieser Art in Fahrzeugen durch. In dieser Analyse wird ein Kostenvergleich mehrerer EVs mit einem Hybridsystem, bestehend aus einer Lithiumbatterie und einem SMES-System, durchgeführt. Dies ermöglicht die Ermittlung der möglichen wirtschaftlichen Vorteile der Entwicklung dieser Systeme aufgrund der Reduzierung des Transports und der Verarbeitung von Öl zur Gewinnung von Benzin oder Diesel sowie anderer indirekter Vorteile. Es wird auch die Diskussion über die Umweltvorteile angesprochen, die die Nutzung von EV im Vergleich zur Nutzung

4.1 Einführung

Tab. 4.1 Hauptmerkmale eines SMES-Systems [4, 21, 27, 31, 37–63]

	Tägliche Selbstentladung (%)	Energiedichte (Wh/L)	Spezifische Energie (Wh/kg)	Leistungsdichte (W/L)	Spezifische Leistung (W/kg)	Reaktionszeit	Entladezeit	Geeignete Speicherdauer	Effizienz (%)	Lebensdauer (Jahre)	Lebensdauer (Zyklen)
SMES	10–15	0,2–6	0,5–5	1000–4000	500–2000	<10 ms	ms–5 min	min–h	>95	30+	$5 \cdot 10^5$
EDLC	20–40	2–30	2,5–15	100	500–5000	<10 ms	ms–60 min	s–h	>90	30+	$5 \cdot 10^5$
Schwungrad	55–100	20–80	10–30	1000–5000	400–1500	ms–s	ms–15 min	s–min	>85	<20	$1 \cdot 10^6$

von ICE-Fahrzeugen hat, ein wichtiger Faktor für ihre Implementierung und Wettbewerbsfähigkeit mit anderen Arten von Systemen im Falle von hybriden Speichern in EVs.

In Abschn. 4.4 wird eine kurze Zusammenfassung sowohl der Vorteile als auch der Nachteile gemacht, die das SMES-System in einem hybriden Speichersystem für diesen speziellen Fall darstellt. Schließlich ist Abschn. 4.5 dafür reserviert, die wichtigsten Schlussfolgerungen aus der regulatorischen und wirtschaftlichen Studie zu zeigen, die die Untersuchung dieser hybriden Speichersysteme in EV mit sich bringen kann.

4.2 Materialien und Methoden

Um Elektrofahrzeuge zu analysieren, müssen sie nach ihrer Konfiguration und ihren Fähigkeiten klassifiziert werden. Zu diesem Zweck muss berücksichtigt werden, dass ein Elektrofahrzeug seine Antriebsenergie teilweise oder vollständig der elektrischen Energie verdankt. In diesem Sinne kann laut [4, 42, 49–51] eine Klassifizierung vorgenommen werden, wie in Abb. 4.3 gezeigt.

Die Studie konzentriert sich auf FEVs, wo das wahre Potenzial eines Energiespeichersystems wie das SMES-System gezeigt werden kann. Hybridsysteme sind ICE-zentrierte Systeme mit einem elektrischen Energiespeicherelement als Unterstützung. Diese Hybridsysteme werden nach ihrem Grad der Elektrifizierung

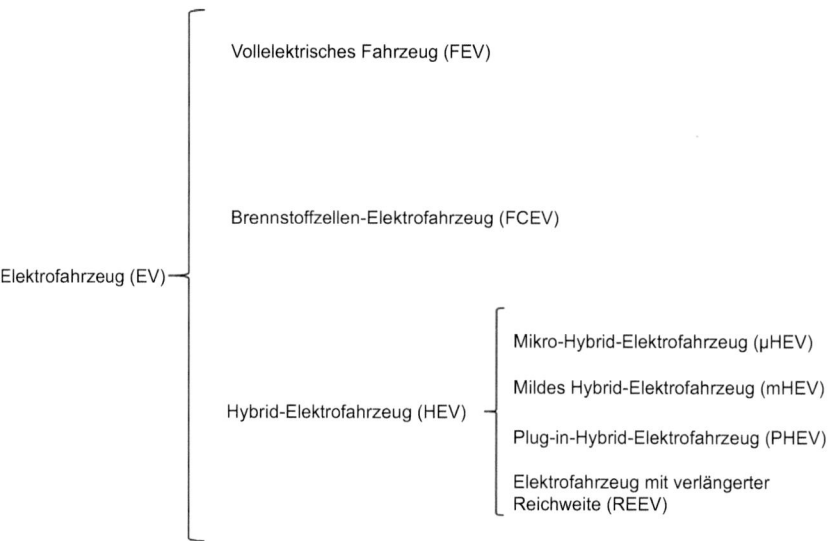

Abb. 4.3 Klassifizierung von Elektrofahrzeugen [4, 58, 64–66]

klassifiziert, ein Beispiel sind µHEVs, bei denen die elektrischen Systeme nicht mehr als 5 kW Leistung erreichen, ohne jedoch ein elektrisches Antriebssystem zu integrieren.

FCEVs werden in der Regel als Hybridfahrzeuge eingestuft, da sie in der Regel mit elektrischen Batterien oder Energiespeichersystemen verbunden sind, wie in den Studien von [52] gezeigt. Die Entwicklung dieser Fahrzeuge kann die Nutzung des SMES-Systems als sekundäres Speichersystem verbessern, aufgrund der Nutzung von Wasserstoff als Kühlsystem für die supraleitende Spule, wie später in dieser Studie diskutiert wird.

FEVs sind in der Regel Fahrzeuge, deren Energiespeicherelement auf einer chemischen Batterie basiert [53], entweder durch Lithium-, Nickel-, Natrium- oder Metall-Luft-Batterien [35, 43, 46], wobei Blei-Säure-Batterien nicht für ihren Einsatz in der Traktionsbewegung von EV-Motoren verwendet werden.

In allen oben genannten Fällen ist die Verwendung von standardisierten elektrischen Ladegeräten, Steckverbindungen und einem gewissen Grad an Elektrifizierung erforderlich, wie später zu sehen sein wird. In diesem Sinne und als Beispiel für EV-Ladesysteme gibt es laut [54] für Spanien 4 Arten von Aufladungen, je nach ihrer Verbindung zum Fahrzeug:

1. Verbindung des EV zur Ladestation mittels eines Kabels, das in einem Stecker endet, wobei das Kabel am EV befestigt ist (Abb. 4.4a).
2. Verbindung des EV zur Ladestation mittels eines Kabels, das an einem Ende in einem Stecker und am anderen Ende in einem Steckkupplung endet, wobei das Kabel ein Zubehör des EV ist (Abb. 4.4b).
3. Verbindung des EV zur Ladestation mittels eines Kabels, das in einem Steckkupplung endet, das Kabel ist Teil der festen Installation (Abb. 4.4c).
4. Verbindung eines leichten EV zur Ladestation mittels eines Kabels, das in einem Steckkupplung endet, das Kabel beinhaltet das Ladegerät (z. B. für Motorräder) (Abb. 4.4d).

Unter all den Optionen ist es notwendig, hybride FEVs zu untersuchen, d. h. solche, die zwei verschiedene elektrische Energiespeichersysteme haben. Diese hybriden Systeme bestehen in der Regel aus einem Energiespeichersystem, wie einer Lithiumbatterie, und einem Leistungsspeichersystem, in diesem Sinne ein Superkondensator [9, 12–14], ein Schwungrad oder ein SMES-System, wie oben diskutiert.

4.2.1 Hybridisierungssysteme

Normalerweise haben die Haupt-ESSs, bei denen die Energiedichte hoch ist, als Nachteil eine eher niedrige Leistungsdichte, mit möglichen Problemen beim Starten des Elektromotors [49]. Daher wird ein Hybridsystem gesucht, bei dem Systeme mit hoher Leistungsdichte und mit hoher Energiedichte kombiniert werden.

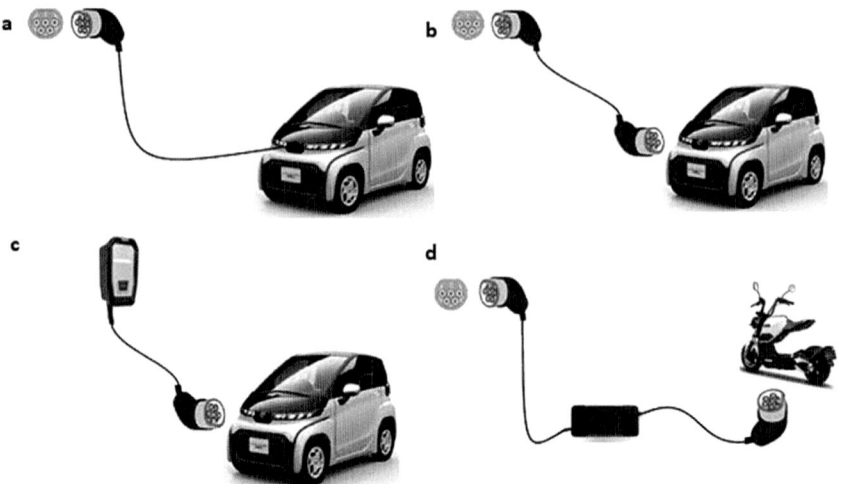

Abb. 4.4 **a** Typ 1 EV-Ladung; **b** Typ 2 EV-Ladung; **c** Typ 3 EV-Ladung; **d** Typ 4 EV-Ladung [54]

4.2.1.1 Paralleles Hybridsystem

Abb. 4.5 zeigt die Konfiguration eines parallelen Hybridsystems eines FEV, [42, 50, 51]. In diesem Fall wurde es mit einer Batterie und dem SMES-Energiespeichersystem realisiert.

In diesem Fall erfolgt das Laden über eine Schnittstelle zur Batterie, die direkt parallel zum sekundären Speichersystem, dem SMES-System, angeschlossen ist. Dieses Parallelsystem ist an einen DC-DC-Wandler angeschlossen, um die an den Wechselrichter zu liefernde Leistung anzupassen, der Wechselstrom an den Drehstrommotor liefert. Von diesem Motor aus wird über Getriebe und mechanische Kupplungssysteme das Differentialgetriebe angeschlossen, das die Bewegung des Motors auf die Antriebsräder des Fahrzeugs überträgt.

Das Steuerungssystem ist dafür verantwortlich, verschiedene Parameter wie Temperaturen, Ladestatus oder Umdrehungen pro Minute zu kontrollieren, um Steuerbefehle zur optimalen Verwaltung und Leistung der Systeme zu senden. Es muss auch das Kryosystem und mögliche Verluste im SMES-System kontrollieren.

Als Vorteile bietet dieses System Einfachheit in seiner Konfiguration und Einsparungen in seiner Entwicklung, aber im Gegensatz dazu müssen in diesen Systemen das Haupt-Speichersystem, das von Batterien gebildet wird, und das sekundäre, in diesem Fall das SMES-System, die gleiche Nennspannung haben. Dies liegt an der Verwendung eines einzigen DC-DC-Wandlers vor dem Wechselrichter, der Wechselstrom an den Motor liefert, vorausgesetzt, dass ein Drehstrommotor und nicht irgendeine andere Art von Gleichstrommotor verwendet wird.

Abb. 4.5 Parallele Konfiguration des ESS für EV [42, 50, 51]

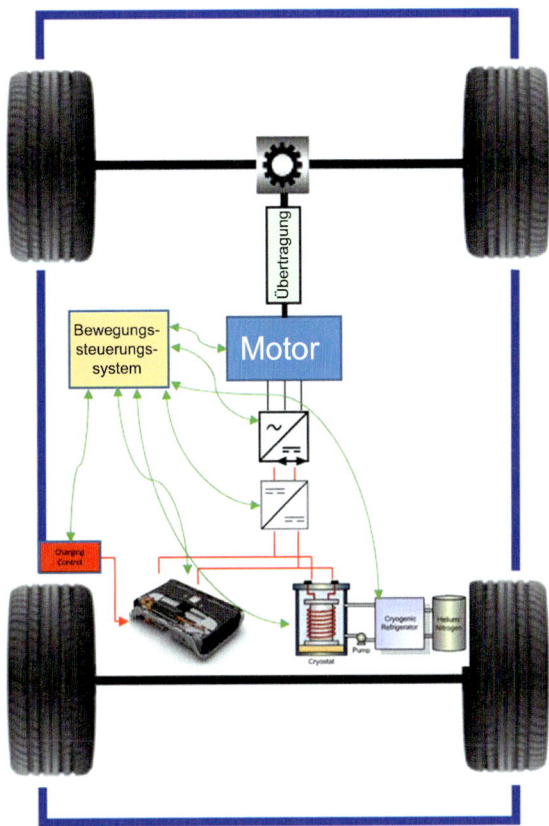

4.2.1.2 Serielle Hybridsysteme

In dieser Kategorie gibt es verschiedene Arten von Varianten, mit ESS direkt an den IGBT-Wechselrichter gekoppelt oder durch komplexere Konfigurationen, die eine erhöhte Leistung und Ressourcenoptimierung ermöglichen, wie von in [42, 50, 51] gezeigt.

Die gebräuchlichste Art von seriellen Hybridsystemen ist das in Abb. 4.6 gezeigte, bei dem jedes Speichersystem an seinen eigenen DC-DC-Wandler angeschlossen ist, um die an den Motor durch den IGBT-Wechselrichter gelieferte Leistung anzupassen.

In diesem System werden Parameter und Werte ebenfalls von einem zentralen Steuermodul überwacht und gesteuert. Dieses System bietet der Steuerung eine größere Stabilität der Energieversorgung und -speicherung, Konfigurationsflexibilität und Effizienz. Es gibt jedoch eine Reduzierung der Batterielebenszyklen durch die höhere vom ESS bereitgestellte Leistung.

Für beide Systeme gibt es derzeit ein Aufladesystem, das Aufladezeiten von mehreren Stunden bis zu einer vollständigen Aufladung in wenigen Minuten

Abb. 4.6 Serielle Konfiguration des ESS für EV [42, 50, 51]

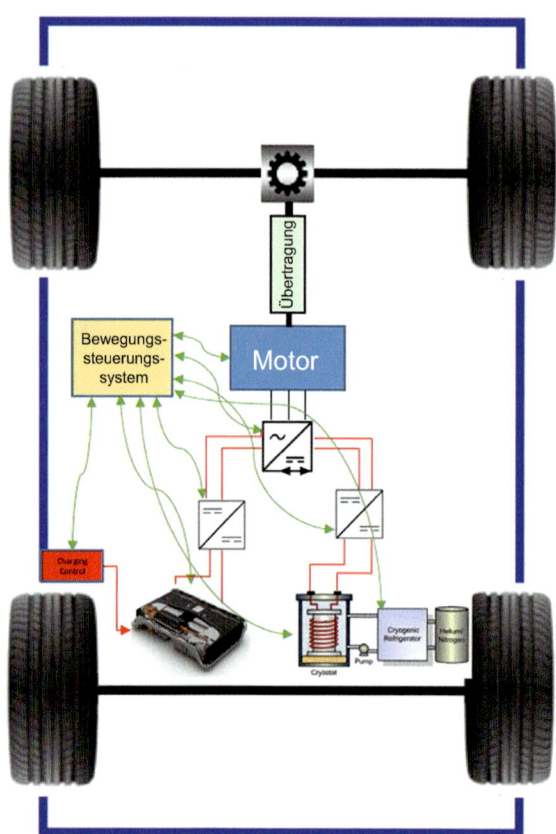

ermöglichen kann. Die sogenannte Ultra-Schnellladung wird noch erforscht und entwickelt, da sie eines der größten Probleme bei allen EVs ist.

Darüber hinaus erfüllen die verwendeten Elektromotoren Generatorfunktionen zur Energiegewinnung durch das KERS-System oder regeneratives Bremsen, [9, 14, 49], bei dem sie die Bewegungsenergie des Fahrzeugs in elektrische Energie umwandeln, die in den Akkumulatoren gespeichert wird, gesteuert durch das zentrale Bewegungssteuerungssystem, um diese Energie in den Akkumulatoren zu speichern.

4.2.2 Regulatorischer Rahmen

Aufgrund der verschiedenen EV-Alternativen und ihrer Konfigurationen ist es möglich, die gesetzlichen und wirtschaftlichen Einschränkungen zu sehen, die dies verursacht. Dafür ist es notwendig, die Normungs- und Regulierungsoptionen zu kennen, die jedes Land oder Gebiet betreffen, zusammengefasst in [55].

4.2 Materialien und Methoden

In Bezug auf diese Regulierung und Gesetzgebung werden wir drei Länder oder Regionen aus verschiedenen Kontinenten vorstellen, in denen EVs derzeit am weitesten verbreitet sind und deren Nutzung am stärksten gefördert wird. Das Ziel dieses Vergleichs ist es, die verschiedenen Wege zu beobachten, auf denen drei völlig unterschiedliche Regionen die Entwicklung, den Kauf und die Nutzung von EVs fördern. Grundsätzlich haben diese Länder völlig unterschiedliche soziale und Ressourcenmanagementeigenschaften, die sich widerspiegeln, wenn es darum geht, EVs zu fördern, obwohl sie auch Ähnlichkeiten und Gemeinsamkeiten haben.

4.2.2.1 Chinesische Gesetzgebung

Das Programm für neue Energiefahrzeuge (NEV) unterstützt die Förderpolitik für den Erwerb von EVs in China. In diesem Sinne ermutigt die chinesische Zentralregierung die Forschung durch EV-Hersteller durch Subventionen, Kredite oder Steuerbefreiungen [56] und andere Hilfen durch das Verkehrsministerium (MOT) [57], das Finanzministerium (MOF) [58] oder das Ministerium für Industrie und Informationstechnologie (MIIT) [59], deren Hauptziele es sind, die Luft in Chinas Städten zu verbessern, Ölimporte zu reduzieren und China für die weltweite Führung in einer strategischen Industrie wie der Automobilindustrie zu positionieren. Auch von der chinesischen Regierung wird angestrebt, die Entwicklung und Einbeziehung in Energiespeichersysteme auf allgemeiner Ebene zu fördern, die EVs direkt oder indirekt beeinflussen können [60].

Im Falle von China basiert die Berechnung zur Förderung des Kaufs von EVs auf der Energiedichte von ESSs und ihrer Energieeffizienz. Es wird angestrebt, maximal 2 Millionen EVs pro Jahr zu subventionieren.

Andererseits wird auch versucht, den Kauf dieser Art von Fahrzeugen durch Provinzregierungen zu fördern, durch Befreiungen von Verkehrsbeschränkungen oder Reduzierungen der Parkgebühren, sogar mit kostenlosem Parken, siehe [61].

Was die EV-bezogenen Standards betrifft, so werden diese von der Standardisierungsverwaltung von China (SAC), einem Mitglied der Internationalen Organisation für Normung (ISO) [62], entwickelt. In Bezug auf EVs und ihre Speichersysteme sind die Standards, die ihren Bau beeinflussen, sehr vielfältig, von solchen, die sich auf die Sicherheitsanforderungen für Batterien (GB 38031-2020) beziehen, bis hin zum Akkumulatorsteuerungs- und Managementsystem (GB/T 38661-2020), sogar die Anforderungen an die elektromagnetische Verträglichkeit in EVs (GB/T 36282-2018). Andererseits gibt es auch Standards, die Fahrzeugladesysteme betreffen, wie NB/T 33020-2015 oder NB/T 33021-2015, oder Speichersysteme, wie Superkondensatoren für EVs (QC/T 741–2014) oder für die Herstellung und Kalibrierung von SMES-Supraleitersystemen (GB/T 30109-2013) [63].

4.2.2.2 US-Gesetzgebung

Auf US-Ebene gibt es auch verschiedene Ebenen der Unterstützung und Förderung von EVs. Auf Bundesebene wurden Steuerverbesserungen, Investitionen in Forschung und Entwicklung und verschiedene Programme gefördert, um die wettbewerbsfähige Entwicklung der EV-Technologie zu ermöglichen, obwohl der US-Kongress im letzten Jahr beschlossen hat, den Bundeskredit nicht zu verlängern [6]. Sowohl das Alternative Fuels Data Center (AFDC) des Department of Energy (DOE) [67] als auch das Center for Climate and Energy Solutions (C2ES) [64] zeigen die Vorschriften auf Bundes- und Landesebene, wo zu sehen ist, dass es nur vier Fälle gibt, in denen die kommerzielle Einführung von alternativen Fahrzeugen, nicht nur EVs, nicht unterstützt wird. Fast alle Staaten haben Maßnahmen zur Förderung des Kaufs und der Nutzung von EVs, wie Steuervorteile, Subventionen oder andere Maßnahmen [65].

Mehrere Staaten haben sich zusammengeschlossen, um ein Programm namens ZEV (Zero Emission Vehicle) zu unterzeichnen, in dem diese Staaten dazu ermutigt werden, den Kauf von EVs und die Installation von Netzladegeräten oder alternativ Tankinfrastrukturen zu fördern [66]. Dieses Programm wurde vom Staat Kalifornien angeführt, zusammen mit anderen wie Massachusetts, New York oder Connecticut, unter anderen.

Trotzdem wurden die staatlichen Anreize seit 2019 sowohl in den USA als auch in China reduziert, obwohl in diesen Ländern immer noch ein Anstieg der EV-Käufe zu verzeichnen ist [6]. Der Anstieg der Verkäufe könnte auf finanzielle Unterstützungen auf lokaler Regierungsebene zurückzuführen sein.

Auf der Normungsebene hat die USA das American National Standards Institute (ANSI) für die Entwicklung von Standards [68]. Dieses Institut gehört zur ISO, so dass ISO-Normen mit diesen Standards in Verbindung stehen.

Andererseits gibt es in den USA auch die Society of Automotive Engineers (SAE) [69], die auf die Automobil- und Luftfahrtindustrie spezialisiert ist und deren Herstellungsstandards in der Regel als Standard für die Nutzung in diesen Branchen angesehen werden. Zu diesen Standards gehören solche wie Life Cycle Testing of Electric Vehicle Battery Modules (J2288) oder Electric and Hybrid Electric Vehicle Rechargeable Energy Storage System (RESS) Safety and Abuse Testing (J2464), unter anderen.

4.2.2.3 Europäische Gesetzgebung

In Bezug auf die Europäische Union (EU) gibt es auch mehrere Ebenen, und die erste ist die, die vom Europäischen Rat zusammen mit dem Europäischen Parlament geschaffen wird, die Verordnungen und Richtlinien erlassen, die von den Mitgliedstaaten in ihre interne Gesetzgebung übernommen werden müssen, was die zweite gesetzgeberische Ebene in der EU wäre.

Das Hauptdokument, das von der EU erstellt wurde, ist das sogenannte Weißbuch über den Verkehr von 2011, in dem die Notwendigkeit angegeben wird, die

Treibhausgase in Europa bis 2050 im Vergleich zu den Werten von 1990 um 60 % zu reduzieren [70]. Als Ergebnis hat Europa die Strategische Forschungs- und Innovationsagenda für den Verkehr (STRIA) definiert [71], die sieben Bereiche festlegt, in denen die EU ihre Bemühungen konzentrieren sollte, um diese Verkehrsziele zu erreichen, überwacht vom Verkehrsforschungs- und Innovationsüberwachungs- und Informationssystem (TRIMIS) [72].

In Bezug auf die Förderung der Nutzung und Entwicklung von Elektrofahrzeugen (EVs) in Europa gibt es Vorschriften, die auf das Design von Elektromotoren und drehzahlgeregelten Antrieben abzielen [73] oder die Förderung dieser Fahrzeuge selbst [74]. Dies leitet sich aus Vorschriften zur Reduzierung der Treibhausgasemissionen ab, wie [75] für Nutzfahrzeuge und [76] für schwere Nutzfahrzeuge. Diese Vorschriften beinhalten auch einen Mechanismus zur Förderung der Einführung von Fahrzeugen mit null und geringen Emissionen auf technologieneutrale Weise.

Auf Ebene der EU-Mitgliedsländer wurden Gesetze erlassen, um den Kauf von Elektrofahrzeugen zu fördern und den Kauf von Fahrzeugen mit Benzin- oder Dieselmotoren ab 2030–2040, je nach Fall, zu verbieten [77].

Ebenso wurden Anreize für Mitgliedsländer geschaffen, ein Netzwerk von Infrastrukturen für alternative Kraftstoffe durch die Richtlinie 2014/94 zu entwickeln [78] mit einem Verhältnis von einem Ladepunkt für jeweils zehn Elektrofahrzeuge. Das Ziel ist es, bis 2025 eine Million Ladepunkte in der Europäischen Union zu haben.

Auf der Normungsebene stützen sich die Europäische Union und ihre Mitglieder hauptsächlich auf die Normen der Internationalen Elektrotechnischen Kommission (IEC). Wie in den übrigen internationalen Normungsorganisationen sind sie in Ausschüsse unterteilt, unter denen der TC 69, über „Elektrische Energieübertragungssysteme für elektrisch angetriebene Straßenfahrzeuge und Industrietrucks" [79] auf der Ebene der Elektrofahrzeuge hervorsticht, wo die auf die Stromversorgung des Elektrofahrzeugs, den internen Kommunikationsbus oder das Ladesystem des Elektrofahrzeugs angewendeten Normen beschrieben werden.

Neben diesen drei großen Blöcken gibt es auch andere große Verbraucher oder Produzenten wie Südkorea, Japan oder Indien, aber die allgemeinen Vorschriften der Hauptländer haben auf die eine oder andere Weise die Förderung des Kaufs von Elektrofahrzeugen zum Ziel.

4.2.3 Wirtschaftliche Analyse

Damit ein hybrides Speichersystem in Fahrzeugen implementiert werden kann, muss es wirtschaftlich tragfähig sowie technisch nutzbar sein. SMES-Systeme für kleine Anwendungen wurden noch nicht mit der notwendigen Effizienz getestet.

Um die Kosten eines hybriden Speichersystems für Elektrofahrzeuge zu analysieren, müssen die Hybridisierungskonfiguration der Komponentensysteme und die Eigenschaften dieser Systeme berücksichtigt werden. Die Berechnungen basieren auf [12, 24, 43, 45, 46, 80–82] und basieren auf Herstellungs- und Investitionskosten sowie Finanzkosten.

$$TSC(\$) = C_I(\$) + C_F(\$) \qquad (4.1)$$

In diesem Fall werden Betriebs- und Wartungskosten (O&M) nicht berücksichtigt, da diese Kosten nicht in den Endpreis eines Elektrofahrzeugs einfließen sollten. Diese Kosten stehen in Zusammenhang mit Energiespeicheranlagen, die eine Infrastruktur und spezialisiertes Personal für ihre Wartung benötigen.

Was die Investitionskosten, C_I, betrifft, so berücksichtigen sie die verwendeten Materialien, wie oben erwähnt, ihren Bau und die Inbetriebnahme aller möglichen Hilfssysteme und -untersysteme. Die Investitionskosten können in drei Teilmengen unterteilt werden:

$$C_I(\$) = C_{st}(\$) + C_e(\$) + C_{AUX}(\$) \qquad (4.2)$$

Mit:

C_{st} (\$) sind die Kosten für Materialien und Bau des ESS,
C_e (\$) sind die Kosten für das elektrische System des Geräts, und
C_{AUX} (\$) sind die Kosten für Hilfssysteme, die in den oben genannten Punkten nicht enthalten sind. Wenn wir jede Teilbaugruppe aufschlüsseln, können die Materialkosten weiter unterteilt werden, auf der Ebene des Baus der Spule oder Batterie, des Baus des hydraulischen Kühlsystems, der Pumpe, der Materialien, aus denen sie zusammengesetzt sind, und des Designs selbst. Trotzdem werden die Preise in der Regel pro kW oder kWh genommen, so dass der Wert der Materialkosten wäre:

$$C_{st}(\$) = (C_{E1} \cdot E_1)/\eta_1 + (C_{E2} \cdot E_2)/\eta_2 \qquad (4.3)$$

Mit:

C_E ist die Höhe der Materialkosten pro Einheit Energie des primären Systems, möglicherweise einer Lithium-Batterie, und des sekundären Systems, in diesem Fall eines verkleinerten SMES-Systems. Es wird in \$/kWh gemessen.
E ist die Speicherung des primären bzw. sekundären Systems. Es wird in kWh gemessen.
η ist die Effizienz des primären bzw. sekundären Systems.

Andererseits hängen die Kosten des elektrischen Systems von der gewählten Konfiguration und dem Fahrzeugmanagement- und Kontrollsystem ab. Der Term für die Kosten des elektrischen Systems wäre:

$$C_e(\$) = \varepsilon \cdot (C_{P1} \cdot P_1 + C_{P2} \cdot P_2) \qquad (4.4)$$

4.2 Materialien und Methoden

Mit:

ε ist ein Hybridisierungsfaktor, d. h., abhängig vom verwendeten System, kann das System teurer oder billiger gemacht werden.
C_P sind die Leistungskosten des Systems. Es wird in \$/kW gemessen.
P ist die Leistung des ESS. Es wird in kW gemessen. Schließlich gibt es das Hilfssystem, bei dem der Fokus auf der Strategie zur Speicherung und Versorgung und Überwachung des Energieflusses liegt. Dieser Wert wird auch normalerweise als Funktion der Leistung oder gespeicherten Energie ermittelt.

$$C_{AUX}(\$) = C_{AUX}(\$/kWh) \cdot E_T \quad (4.5)$$

Mit:

E_T ist die gesamte im System gespeicherte Energie. Es wird in kWh gemessen. Was den zweiten Summanden von Gleichung (4.1), die finanziellen oder Investitionskosten, betrifft, so gibt es rein wirtschaftliche Komponenten, wie Investitionszinsen, oder die Jahre zur Amortisation des Speichersystems.

$$C_F(\$) = \delta \cdot C_I(\$) \quad (4.6)$$

Mit dem durch folgende Gleichung erzeugten Multiplikator δ:

$$\delta = \frac{r \cdot (1+r)^k}{(1+r)^k - 1} \quad (4.7)$$

Mit:

r sind die Investitionszinsen,
k ist die Nutzungsdauer, in Jahren. Mit dem oben genannten Ansatz und den Preisinformationen von Speichersystemen in [41, 42, 49, 81, 82] kann ermittelt werden, dass die Kosten des hybriden elektrischen Speichersystems unter Verwendung eines Lithium-Ionen-Batteriesystems und SMES wie in Tab. 4.2 dargestellt sein würden.

Andererseits wurde ein Zinssatz von 10 % und Kosten, die in Zukunft bei der Herstellung von Batterien und Speichersystemen voraussichtlich um 50 % reduziert werden, berücksichtigt, wie in [6, 81] gezeigt. Unter Berücksichtigung des vorherigen Punktes wurden drei Fahrzeuge aus den drei im vorherigen Abschnitt angegebenen Regionen angenommen. In diesem Fall haben wir nach Fahrzeugen mit einer sehr ähnlichen Reichweite, etwa 500 km, von den Unternehmen BYD [83] aus China, Tesla [84] aus den USA und Mercedes-Benz [85] auf europäischer Ebene gesucht. Es muss berücksichtigt werden, dass die gezeigten Kosten sich auf die aktuellen Preise der verwendeten Technologien beziehen und nur auf das ESS, sodass das komplette Fahrzeug etwas teurer wäre, wenn man bedenkt, dass die Energiespeicherung der teuerste Teil dieses Fahrzeugtyps ist.

Tab. 4.2 Kosten von Fahrzeugen mit Hybrid-Speichersystem [41, 42, 49, 81, 82]

	BYD Tang EV600	Model 3 T	EQC 400 4MATIC Mercedes Benz
Leistung (kW)	182,7	261	304,24
Kapazität Batterien (kWh)	82,8	75	88
Lebensdauer (Jahre)	20	20	20
C_I ($)	47.666,44 $	62.755,85 $	65.009,05 $
C_F ($)	5.598,88 $	7.371,28 $	7.635,94 $
Gesamt ($)	53.265,32 $	70.127,13 $	72.644,99 $

4.3 Ergebnisse

Unter Berücksichtigung der verschiedenen Modelle von Hybrid-Speichersystemen für EVs und der Vorschriften, die den Kauf dieser Fahrzeuge und ihre Entwicklung fördern sollen, müssen die Kosten für die Verwendung eines Hybrid-Speichersystems mit einem SMES-System analysiert werden.

Dafür müssen wir berücksichtigen, dass SMES-Systeme aus einer Spule mit supraleitenden Materialien bestehen, unterteilt zwischen LTS (NbTi) und HTS (YBCO oder BSCCO) [16–19] entsprechend ihrer T_c. Es gibt verschiedene Studien, die die Optimierung dieses ESS analysieren [22]. Sie haben auch einen Behälter, in dem solche Spule und das Kühlmittel enthalten sind, das Helium, Stickstoff oder flüssiger Wasserstoff (LIQHYSMES) sein kann [21], in diesem letzten Fall kann Wasserstoff auch zur Versorgung einer Brennstoffzelle (FC) verwendet werden [20], sowie ein Kühlmittelreservoir und eine geeignete Pumpe zur Umwälzung des Kühlmittels [35].

Ein Flussmanagement und ein elektronisches Kontrollsystem, das die Überwachung von Temperatur, Spannungen, Strömen und anderen Variablen für den ordnungsgemäßen Betrieb ermöglicht, muss all dies steuern. Diese Managementstrategien für das Laden, Entladen und die optimale Steuerung von Speichersystemen sind in der stochastischen Steuerung, der linearen Programmierung, der dynamischen Programmierung oder dem Pontrjagin'sche Minimalprinzip enthalten. Diese Management- und Kontrollsysteme sowohl für Hybridsysteme als auch für ein einzelnes ESS stammen aus verschiedenen Studien, sowohl für individuelle Anwendungen und Anwendungen, wie EV, als auch im Stromnetz selbst, [10, 13, 23, 43, 47, 51, 52, 86–92].

4.3.1 Umweltvorteile

Zu den Hauptvorteilen, die mit der Nutzung von EVs gefunden wurden und oben diskutiert wurden, gehört die Nutzung von Elektrizität als Treibstoff. Die

4.3 Ergebnisse

Verwendung von Elektrizität als Treibstoff im Verkehr kann zu einer sehr erheblichen Verringerung der GHG führen.

Wenn wir die Verwendung von fossilen Brennstoffen wie Benzin, Diesel oder LPG für den Fahrzeugtransport, ob für den privaten oder professionellen Gebrauch, berücksichtigen, gibt es Daten wie die in Abb. 4.7 gezeigten. In diesem Fall wurde der Energieverbrauch in Spanien während des letzten Jahrzehnts als Beispiel berücksichtigt.

Da die Verbrauchsdaten in MWh angegeben sind, können die Mengen an Treibhausgasen und schädlichen Gasen, wie CO_2, SO_2 oder NO_X, mit Hilfe des sogenannten Emissionsfaktors (χ) berechnet werden, der die Menge einer Substanz pro kg verbrauchtem Brennstoff angibt. Eine Übersichtstabelle dieser Werte je nach Brennstoffart ist in Tab. 4.3 zu sehen. Diese Werte können sich im Laufe der Zeit aufgrund von Verbesserungen der Hersteller durch Umweltauflagen in verschiedenen Ländern ändern.

Um die jährliche Gesamtmenge der verschiedenen Substanzen zu ermitteln, die durch die Nutzung dieser Brennstoffe entstanden sind, muss die folgende Formel berücksichtigt werden.

$$R_x = \frac{E_{Cx} \cdot \chi_x}{HoC_x} \tag{4.8}$$

Mit,

E_C ist die durch diesen Brennstoff verbrauchte Energie,
χ ist der Emissionsfaktor des Brennstoffs, und

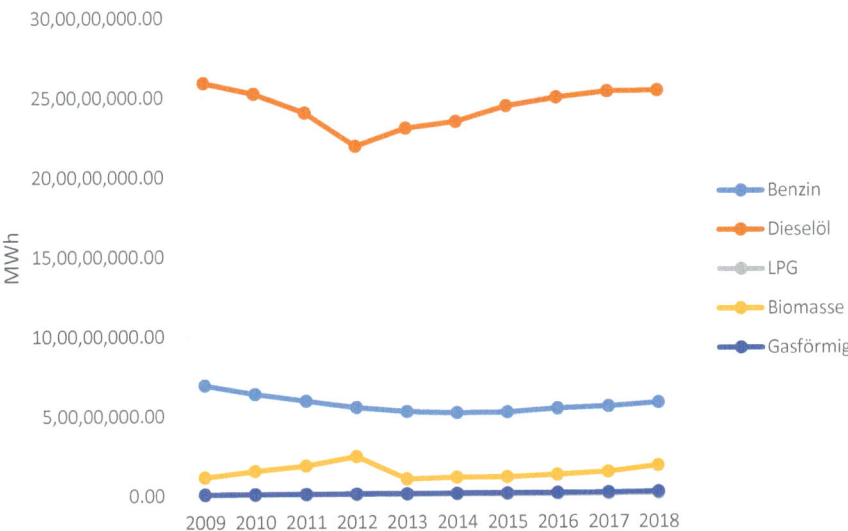

Abb. 4.7 Energieverbrauch im Verkehr in Spanien (MWh) [93]

Tab. 4.3 Emissionsfaktor, nach IDAE [94]

	kg CO$_2$/kg Brennstoff	kg SO$_2$/kg Brennstoff	kg NO$_x$/kg Brennstoff
Benzin	3,1800	0,0000150	0,0087300
Diesel	3,1400	0,0001500	0,0129600
Flüssiggas (LPG)	3,0170	0,0000000	0,0152000
Biomasse	0,0180	0,0000736	0,0014160
Gase	2,4664	0,0000000	0,0530000

Tab. 4.4 Verbrennungswärme, nach IDAE [94]

	kWh/kg Brennstoff
Benzin	12,306
Dieselöl	11,944
Flüssiggas (LPG)	13,139
Biomasse	3,933
Gasförmig	12,278

HoC ist der Heizwert des Brennstoffs. Unter Berücksichtigung des Heizwerts, der vom spanischen Institut für Diversifizierung und Einsparung von Energie (IDAE), das zum Ministerium für die ökologische Transformation und demografische Herausforderung Spaniens gehört [94], in Tab. 4.4 angegeben ist, werden die in Spanien durch den Verkehr erzeugten Tonnen von CO_2, SO_2 und NO_X ermittelt. Tab. 4.5 zeigt die Mengen dieser Gase, die zwischen 2009 und 2018 produziert wurden.

Es werden Menge an GHG aufgelistet, die pro Jahr nur von Fahrzeugen mit ICE in einem Land wie Spanien, einem Mitgliedsstaat der EU, erzeugt wird. Darüber hinaus sollte beachtet werden, dass die Tabelle andere Gase oder Partikel, die erzeugt werden können, wie CO oder NH_3, nicht enthält. Andererseits ist es auch möglich, die Reduzierung der Emissionen zu sehen, die durch eine Wirtschaftskrise verursacht werden. Man kann auch die wirtschaftliche Erholung mit dem Wachstum dieser Niveaus ab 2018 sehen. In dieser Situation zeigen sich die Stärken und Schwächen der Technologien und man muss auf die eine oder andere Technologie setzen, um sich auf dem Markt positionieren zu können.

4.3.2 Wirtschaftliche Vorteile

Die wirtschaftlichen Vorteile, die die Nutzung von EV bringen kann, können monetarisiert werden, indem man die Phasen des fossilen Brennstoffprozesses, Extraktion, Verarbeitung, Transport und Verteilung sowie Lagerung, berücksichtigt. Hinzu kommen Steuern, Zölle, regulatorische Änderungen und andere Faktoren, die Unsicherheit in dieser Art von Energiesektor verursachen [95]. Aufgrund der Komplexität und großen Variabilität dieser Faktoren ist es schwierig, eine

4.3 Ergebnisse

Tab. 4.5 Tonnen von CO_2, SO_2 und NO_x produziert durch den Transport, nach IDAE [94]

	2009	2010	2011	2012	2013	2014	2015	2016	2017	2018
CO_2	86.143,24	83.012,35	78.736,75	72.194,57	74.422,72	75.295,56	77.967,71	80.010,92	81.359,65	82.230,56
SO_2	3,55	3,53	3,44	3,27	3,15	3,21	3,34	3,43	3,52	3,60
NO_x	336,77	327,66	312,90	289,54	295,12	299,57	310,76	319,71	326,24	331,92

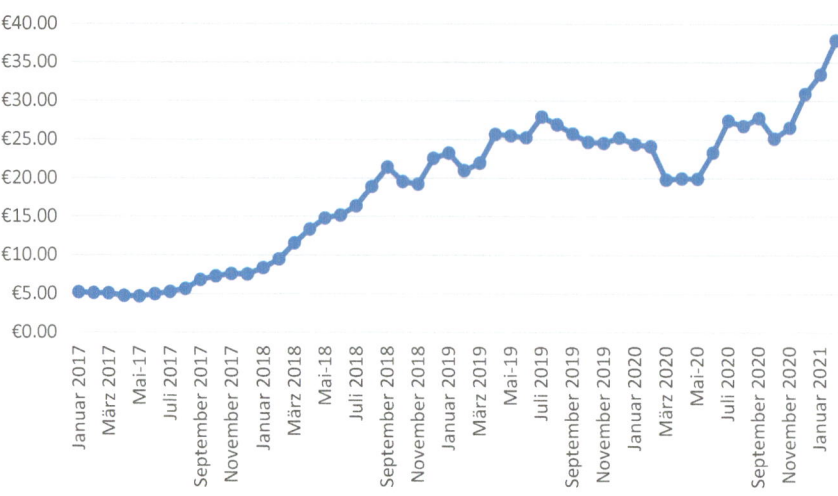

Abb. 4.8 Europäischer CO_2-Preis [96]

erschöpfende Studie jedes Falles zu machen. Wenn es um Monetarisierung geht, gibt es in der EU den Akteur der Emissionshandelssysteme (ETS) [96], wo CO_2 pro Tonne Emission bepreist wird. Abb. 4.8 zeigt die Entwicklung seines Preises in den letzten Jahren.

Der Preis für CO_2-Emissionen in der EU pro Tonnen CO_2, das von ICE-Fahrzeugen emittiert wird, entspricht nicht den wahren Kosten für die Nutzung dieser Fahrzeuge. Um EV und emissionsfreie Energiequellen zu fördern, wird geschätzt, dass diese „Emissionssteuer" auf 80 €/Tonne erhöht werden sollte. Diese Kosten werden in der Regel von den fossilen Brennstoffenergieerzeugungsunternehmen getragen. Im Gegensatz dazu können andere schädliche Emissionen wie PM10 oder NO_X-Emissionen nicht monetarisiert werden. Hinzu kommen die Energiekosten, die durch Erzeugung und Verteilung entstehen, abhängig vom Energiemix, im spanischen Fall, wo 44 % der Stromerzeugung aus sogenannten erneuerbaren Quellen stammten [97].

Andererseits kann die Möglichkeit von EVs auch in den sogenannten V2G gesehen werden, wo EVs als Unterstützungselemente des Stromnetzes verwendet werden. Dieses System kann Stromausfälle reduzieren [41] oder die Energiekurve glätten, um das Stromsystem nicht zu belasten [98]. In diesem Sinne und zum Vergleich wurde in einem Mitgliedstaat wie Spanien eine Verfügbarkeit von 97,9 % im Netz der Iberischen Halbinsel erreicht, laut *Red Eléctrica de España* (REE) im Jahr 2020 [97]. Diese 2 % können in kontinuierlichen Fertigungsprozessen wirtschaftliche Verluste in Millionenhöhe verursachen.

Andererseits muss bei der Nutzung von EVs die Investition, sowohl öffentlich als auch privat, in die Entwicklung von EVs mit größerer Reichweite und größerer Zuverlässigkeit sowie in die Entwicklung eines möglichst dichten Versorgungsnetzes berücksichtigt werden. Dies ist mit Inflation, Amortisationszeit und Anlagenrentabilität verbunden. Es sollte bedacht werden, dass für den privaten Investor jede Investition in einer angemessenen Frist eine Rendite erbringen muss, so dass regulatorische und wirtschaftliche Unsicherheit viele Anleger vorsichtig machen kann, zu investieren. Daher wird, wenn die Nachfrage nach EVs und der Wettbewerb zwischen den Herstellern gefördert wird, die private Investition für die technologische Entwicklung der Industrie gestärkt, was der Forschungsgemeinschaft hilft, ein EV mit ähnlicher Leistung wie ein konventionelles Fahrzeug zu einem ähnlichen Preis zu entwickeln.

Trotz dieser Unsicherheit gibt es in Europa eine große Anzahl von Projekten, die sich auf die Entwicklung von EV-bezogenen Technologien konzentrieren, wie die Entwicklung von Batterien, über 300 Mio. €, EV-Ladung und Infrastruktur, über 200 Mio. €, oder die Entwicklung von Motoren, Elektronik und Übertragungssystemen zur Steigerung der Effizienz von EVs, über 500 Mio. €. Laut [77] gibt es rund 450 Projekte, die sich mit der Entwicklung von Technologie zur Wettbewerbsfähigkeit von EVs mit ICE-Fahrzeugen befassen.

4.4 Diskussion

Die Nutzung von EV bietet große Vorteile, wobei die großen Umweltvorteile hervorstechen, und wichtige Nachteile, die berücksichtigt werden müssen: zum Beispiel mit einem hybriden Speichersystem, bestehend aus einer Lithiumbatterie [53, 99] und einem SMES-System, wie hier vorgeschlagen.

4.4.1 Vorteile des Hybridsystems

Zu den Vorteilen, die aus diesem System erzielt werden können, gehören, sehr erweiterbar auf EVs im Allgemeinen:

- Umweltvorteil: Diese Art von Vorteil ist anwendbar auf die Substitution von ICE-Fahrzeugen durch EVs, wie oben gesehen. Dennoch sollte beachtet werden, dass bei der Herstellung von EVs Verfahren und Materialien verwendet werden, die GHG-Emissionen und andere Produkte erzeugen, die die Umwelt negativ beeinflussen können, aber das liegt außerhalb des Rahmens dieser Forschung. Andererseits sollte die erhebliche Reduzierung der Lärmbelästigung durch die Nutzung von EVs kommentiert werden. Es ist so, dass beispielsweise die europäische Gesetzgebung EVs und HEVs verlangt, zwischen 0 und 20 km/h ein Mindestgeräuschpegel zu erzeugen. Dieses Geräusch muss zwischen 56 und 75 dB liegen [100].
- Haltbarkeit: Mit der Wahl eines geeigneten Management- und Kontrollsystems, [13, 23, 51, 86], und den richtigen Materialien, sind sie sehr zuverlässige Systeme mit sehr geringer Wartung. Dies kann mehr als 20 Jahre störungsfreien Gebrauch mit wenig Wartung bieten.

- Höhere Leistung: Die Nutzung von Hybridsystemen, mit einem geeigneten Management- und Kontrollsystem sowie der geeigneten Hybridisierungskonfiguration für jede Nutzung kann eine höhere Leistung und Effizienz im EV-Gebrauch bieten.
- Unterstützung des Energiesystems: Die Nutzung von EVs mit hoher Leistung und Energiedichte kann das elektrische System durch das sogenannte V2G als Speicherquelle und Netzüberlastungsregelungssystem unterstützen. Dieses System ist mit Smart Grids und Stromverteilung verbunden, was die Entwicklung eines Energiesystems ermöglicht, das weniger abhängig von fossilen Brennstoffen ist.

4.4.2 Nachteile des Hybridsystems

Trotz der vielen Vorteile haben diese Systeme viele andere Nachteile, die gelöst werden müssen. Dieser Abschnitt konzentriert sich auf die Nachteile, die das SMES-System im EV haben kann. Dazu gehören:

- Gesundheitsprobleme: Die Nutzung des SMES-Systems erzeugt hohe Magnetfelder, obwohl sie Gegenstand von Studien und Forschungen sind, mit unsicheren Ergebnissen und ohne Beweise für mögliche Gesundheitseffekte, muss dies berücksichtigt werden. In diesem Fall hat die EU eine Empfehlung bezüglich der öffentlichen Exposition gegenüber Magnetfeldern entworfen [101].
- Technische Komplexität: Das Hybridsystem kann je nach Methode der Verwaltung und Kontrolle der Speicherkomponenten kompliziert sein. Hinzu kommt die intrinsische Komplexität des SMES-Systems, da die Spule bei einer Temperatur unter Tc gehalten werden muss, damit dieses System genutzt werden kann. All dies beeinflusst den folgenden Punkt.
- Wirtschaftliche Kosten: Es wurde oben gesehen, dass das Speichersystem etwa 80–90 % der Kosten eines EV ausmachen kann. Dies liegt daran, dass SMES-Systeme nicht vollständig für den speziellen Einsatz in EV entwickelt sind. Es liegt auch an all den Systemen, die mit der supraleitenden Spule verbunden sind, wie dem Kühlmittelreservoir, der Boosterpumpe oder dem Hydrauliksystem, abgesehen vom Kühlmitteltemperaturkontroll- und Drucksystem. Es sollte auch berücksichtigt werden, dass die Materialien, die für ihre Herstellung und Verarbeitung verwendet werden, oft schwer zu beschaffen sind, was die Kosten in dieser Hinsicht erheblich erhöhen kann.
- Speichervolumen: Dieser Punkt ergibt sich aus der technischen Komplexität und der mangelnden Entwicklung des SMES-Systems, wie oben diskutiert. Wenn die angegebenen Leistungsdichtewerte berücksichtigt werden, bei denen die Leistungsdichte etwa 1000–4000 W/L beträgt, ergibt sich für ein System wie die in der Wirtschaftsanalyse untersuchten, mit etwa 250 kW Leistung, ein Volumen von 62,5 bis 250 L nur für das SMES-System. Entsprechendes gilt für die spezifische Leistung, etwa 500–2000 W/kg, wodurch alleine dieses

4.4 Diskussion

Speichersystem etwa 125–500 kg wiegen würde, was das Fahrzeug ziemlich schwer machen würde.
- Langsames Aufladen: Die aktuellen EV-Aufladesysteme sind im Vergleich zu denen für ICE-Fahrzeuge ziemlich langsam. Derzeit benötigen durchschnittliche Aufladesysteme zum Laden der Batterie 8 h, bei den schnellsten 30 min auf 80 % der Kapazität [102]. Dies kann ein großer Nachteil sein, wenn das Fahrzeug für lange Fahrten genutzt wird, bei denen die Zeit von entscheidender Bedeutung ist. Allerdings ist es ein Bereich, in dem Algorithmen für das schnelle Aufladen von Fahrzeugen entwickelt werden, wie zum Beispiel [28, 103, 104].

Trotz aller Nachteile wird geschätzt, dass in den kommenden Jahren die Kosten reduziert werden [6, 81] und auf technischer Ebene entwickelt werden, so dass das SMES-System als eine praktikable Alternative zu anderen Systemen mit hoher Leistungsdichte, wie dem Superkondensator, präsentiert werden kann [44]. Dies wird durch die Wette der verschiedenen Regierungen für die Entwicklung und Implementierung von EV zur Ersetzung von Fahrzeugen mit ICE begünstigt, wie zum Beispiel Norwegen, in dem 2019 55,9 % der Neuzulassungen elektrisch waren, entweder BEV oder PHEV, nach [6].

4.4.3 Faktoren zur Verbesserung von EV

Unter Berücksichtigung der Vor- und Nachteile von EVs ist es notwendig, die Faktoren und Bereiche zu analysieren, auf die sich konzentriert werden sollte, um eine größere Implementierung von EVs zu erreichen. Abb. 4.9 zeigt eine Zusammenfassung der Hauptfaktoren und ihrer Beziehungen.

Die drei Hauptblöcke sind Förderung, F&E und Reindustrialisierung des Sektors und schließlich Ladeinfrastrukturen und das elektrische System. Diese drei Blöcke sind miteinander verbunden, da viele Initiativen und Projekte miteinander verknüpft sind und voneinander abhängen. Sie werden umfasst von Regulierung, Standardisierung und privater Investition. Dies liegt daran, dass private Investitionen und der öffentliche Sektor Hand in Hand gehen müssen, um das EV zu entwickeln und die EV-Implementierung zu erhöhen.

Viele dieser Maßnahmen wurden in verschiedenen Ländern über Jahre hinweg entwickelt, wie wir gesehen haben. Innerhalb der verschiedenen zu stärkenden Faktoren können einige Maßnahmen aufgelistet werden:

- Förderung von EV:
  - Öffentliche/private Werbekampagnen mit dem Ziel, die großen Vorteile von EV zu zeigen.
  - Anreize für den Kauf von EVs durch Steuerermäßigungen oder durch direkte Kaufhilfen für Taxiflotten, Lieferfahrzeuge und andere.
  - Vereinbarungen zwischen Herstellern und großen Marken zur Reduzierung des Verkaufspreises an Unternehmen oder Institutionen.

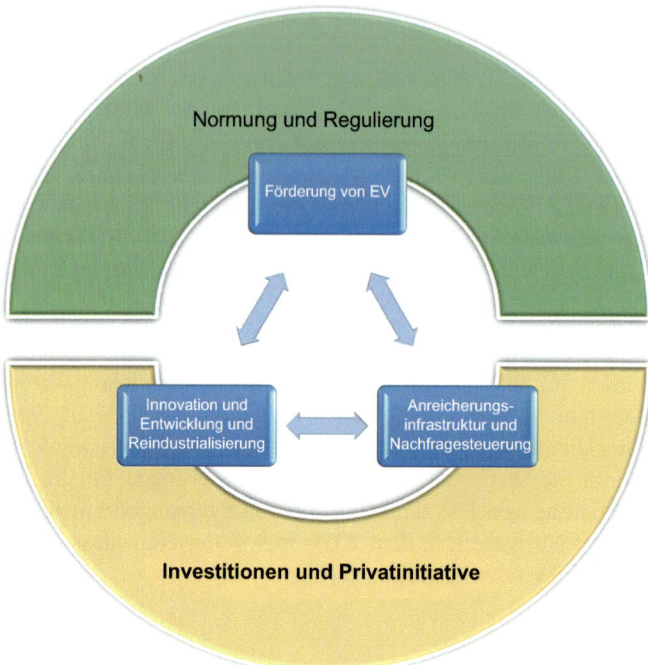

Abb. 4.9 Faktoren für die Implementierung von EVs

- Kauf von Elektro-ÖPNV-Flotten durch die Städte. Große Teile der Fahrten sind städtisch oder stadtnah.
- Entwicklung von Mobilitätsvorteilen für EV-Besitzer in Städten.
• F&E und Reindustrialisierung:
  - Die Reindustrialisierung kann den strategischen Wert von Regionen erhöhen und das gestalterische Potenzial der Gesellschaft steigern.
  - Die Reindustrialisierung führt zur Entwicklung von Zulieferunternehmen, die auf Ladesysteme oder spezifische EV-Module für Produktionsanlagen spezialisiert sind, was zu einer Verringerung der Arbeitslosigkeit führt.
  - Kooperationsvereinbarungen zwischen EV-Komponentenherstellungsunternehmen und öffentlichen Forschungseinrichtungen, wie Stiftungen oder Universitäten, mit dem Ziel, das akademische Feld zu entwickeln.
  - Entwicklung von Forschung zu Ladepunkten oder Speichersystemen.
  - Reduzierung von Verwaltungsverfahren zur Entwicklung von Komponenten oder privaten Initiativen im Bereich der Mobilität.
• Ladeinfrastrukturen und Nachfragesteuerung:
  - Implementierung eines Netzes öffentlicher Ladepunkte durch die Gemeinden.
  - Regulatorische Entwicklung der Standardisierung und Normierung der technischen Elemente von Ladepunkten, sowohl Steckern als auch Zuführungen.

- Private Entwicklung von Elektro-Ladestationen durch Kraftstoffhändler zur Erhöhung der Anzahl der Ladepunkte.
- Stärkung des erneuerbaren Stromsystems mit dem Ziel, die Stromversorgungskosten zu senken. Es sollte bedacht werden, dass diese Fahrzeuge an das Netz angeschlossen sind.
- Schaffung von reduzierten Tarifen während der Schwachlastzeiten zur Glättung der Stromnachfragekurve.

All diese Faktoren, mit ihren Initiativen, sind miteinander verknüpft und daher voneinander abhängig. Sie sind auch abhängig von der Regulierung und Standardisierung, die von öffentlichen Einrichtungen, von der höchsten Ebene bis zur Ebene der Gemeinden, und von privaten Investitionen und Initiativen durchgeführt werden muss, die das Potenzial haben, eine große Anzahl von Innovationsprojekten sowohl im Bereich des Wissens als auch des Materials zu entwickeln.

Die Beziehung zwischen dem öffentlichen und dem privaten Sektor ist entscheidend, um den Grad der Implementierung von EV zu erreichen, der in den kommenden Jahren angestrebt wird. Wenn keine Vereinbarungen getroffen werden, wird es viel länger dauern, die Ziele für die Reduzierung von GHG, die durch den Verkehr erzeugt werden, zu erreichen, und EV könnte auf das städtische Umfeld beschränkt sein.

4.5 Schlussfolgerungen

Nach dieser Studie lässt sich feststellen, dass die Entwicklung von EVs Investitionen in die Forschung zu ihren Energiespeicherelementen und die Leistung des Fahrzeugsteuerungs- und Antriebssystems erfordert. Ziel ist es, die Autonomie dieser Fahrzeuge zu erhöhen und die Ladezeit zu reduzieren, um gegenüber ICE-Fahrzeugen Boden gutzumachen und die CO_2-Emissionsreduktionsziele in den kommenden Jahren zu erreichen. Wirtschaftliche Unterstützung aus dem öffentlichen und privaten Sektor ist notwendig, um die Entwicklung und Einführung von EVs durch Forschung in Hybrid-Speicherkomponenten und Technologien zu erreichen, die auf die Herausforderungen reagieren können, denen sich EVs gegenübersehen. In demselben Sinne sollte der öffentliche Sektor auf regulatorischer Ebene Investitionen in technologische Forschung erleichtern, entweder durch direkte Hilfe oder durch Steuerermäßigungen, mit der Idee, dass private Investitionen an EV-Entwicklungsprojekten beteiligt sein sollten. Eine angemessene Regulierung kann die Kosten für Speichersysteme und damit für EVs senken, so dass sie im Vergleich zu ICE-Fahrzeugen wettbewerbsfähig auf dem Markt sein können. Derzeit kann man sagen, dass FEVs weit davon entfernt sind, wettbewerbsfähig zu sein, sie sind teurer, sie haben weniger Autonomie, das Aufladen von Akkumulatoren ist sehr langsam im Vergleich zum Betanken eines ICE-Fahrzeugs und das Netz von EV-Tankstellen ist recht dünn im Vergleich zum Netz von fossilen Brennstoff-Tankstellen. Diese Probleme werden gelöst, da die Industrie große Investitionen in ihre Lösung tätigt, mit Ländern, die das Ziel haben, dass die überwiegende Mehrheit der Fahrzeuge auf der Straße in den kommenden Jahrzehnten EVs oder zumindest HEVs sind, um die GHG-Emissionen aus dem Verkehrssektor zu reduzieren.

Literatur

1. United Nations (2015) Paris agreement. Paris
2. Davenport WR (1929) Biography of Thomas davenport: the Brandon blacksmith, inventor of the electric motor. Vermont historical society
3. Post RC (1976) Physics, patents, and politics: a biography of Charles Grafton page. Science History Publications
4. Shaukat N, Khan B, Ali SM, Mehmood CA, Khan J, Farid U et al (2018) A survey on electric vehicle transportation within smart grid system. Renew Sustain Energy Rev 81:1329–1349. https://doi.org/10.1016/j.rser.2017.05.092
5. Colmenar-Santos A, Rosales-Asensio E, Borge-Diez D (2019) Technologies and applications for fuel cell, plug-in hybrid, and electric vehicles. Nova Science Publishers, New York
6. Global EV outlook 2020 (2020) p 276
7. Hajiaghasi S, Salemnia A, Hamzeh M (2019) Hybrid energy storage system for microgrids applications: a review. J Energy Storage 21:543–570. https://doi.org/10.1016/j.est.2018.12.017
8. Ruan J, Walker PD, Zhang N, Wu J (2017) An investigation of hybrid energy storage system in multi-speed electric vehicle. Energy 140:291–306. https://doi.org/10.1016/j.energy.2017.08.119
9. Itani K, De Bernardinis A, Khatir Z, Jammal A (2017) A comparative analysis of two hybrid energy storage systems used in a two front wheel driven electric vehicle during extreme start-up and regenerative braking operations. Energy Convers Manag 144:69–87. https://doi.org/10.1016/j.enconman.2017.04.036
10. Yang B, Zhu T, Zhang X, Wang J, Shu H, Li S et al (2020) Design and implementation of battery/SMES hybrid energy storage systems used in electric vehicles: a nonlinear robust fractional-order control approach. Energy 191:116510. https://doi.org/10.1016/j.energy.2019.116510
11. Gopal AR, Park WY, Witt M, Phadke A (2018) A hybrid- and battery-electric vehicles offer low-cost climate benefits in China. Transp Res Part Transp Environ 62:362–371. https://doi.org/10.1016/j.trd.2018.03.014
12. Song Z, Li J, Hou J, Hofmann H, Ouyang M, Du J (2018) The battery-supercapacitor hybrid energy storage system in electric vehicle applications: a case study. Energy 154:433–441. https://doi.org/10.1016/j.energy.2018.04.148
13. Xiong R, Duan Y, Cao J, Yu Q (2018) Battery and ultracapacitor in-the-loop approach to validate a real-time power management method for an all-climate electric vehicle. Appl Energy 217:153–165. https://doi.org/10.1016/j.apenergy.2018.02.128
14. Itani K, Bernardinis AD, Khatir Z, Jammal A (2016) A regenerative braking modeling, control, and simulation of a hybrid energy storage system for an electric vehicle in extreme conditions. IEEE Trans Transp Electrification 2:15
15. Muttaqi KM, Islam MdR, Sutanto D (2019) Future power distribution grids: integration of renewable energy, energy storage, electric vehicles, superconductor, and magnetic bus. IEEE Trans Appl Supercond 29:1–5. https://doi.org/10.1109/TASC.2019.2895528
16. Uppada VR, Dondapati RS (2020) Role of nanocryogenic fluids in optimizing the thermohydraulic characteristics of high temperature superconducting (HTS) cables with entropy generation minimization strategy. Phys C Supercond Appl 571:1353620. https://doi.org/10.1016/j.physc.2020.1353620

17. Liang L, Wang Y, Yan Z, Deng H, Chen W (2019) Exploration and verification analysis of YBCO thin film in improvement of overcurrent stability for a battery unit in a SMES-battery HESS. IEEE Trans Appl Supercond 29:1–6. https://doi.org/10.1109/TASC.2019.2951127
18. Yagai T, Mizuno S, Okubo T, Mizuochi S, Kamibayashi M, Jimbo M et al (2018) Development of design for large scale conductors and coils using MgB_2 for superconducting magnetic energy storage device. Cryogenics 96:75–82. https://doi.org/10.1016/j.cryogenics.2018.10.006
19. Mukherjee P, Rao VV (2019) Rao VV design and development of high temperature superconducting magnetic energy storage for power applications—a review. Phys C Supercond Appl 563:67–73. https://doi.org/10.1016/j.physc.2019.05.001
20. Jin JX, Chen XY, Wen L, Wang SC, Xin Y (2015) Cryogenic power conversion for SMES application in a liquid hydrogen powered fuel cell electric vehicle. IEEE Trans Appl Supercond 25:1–11. https://doi.org/10.1109/TASC.2014.2357755
21. Wang X, Yang J, Chen L, He J (2017) Application of liquid hydrogen with SMES for efficient use of renewable energy in the energy internet, 21
22. Xu Y, Ren L, Zhang Z, Tang Y, Shi J, Xu C et al (2018) Analysis of the loss and thermal characteristics of a SMES (superconducting magnetic energy storage) magnet with three practical operating conditions. Energy 143:372–384. https://doi.org/10.1016/j.energy.2017.10.087
23. Latif A, Hussain SMS, Das DC, Ustun TS (2020) State-of-the-art of controllers and soft computing techniques for regulated load frequency management of single/multi-area traditional and renewable energy based power systems. Appl Energy 266:114858. https://doi.org/10.1016/j.apenergy.2020.114858
24. Khodadoost Arani AA, Gharehpetian GB, Abedi M (2019) Review on energy storage systems control methods in microgrids. Int J Electr Power Energy Syst 107:745–757. https://doi.org/10.1016/j.ijepes.2018.12.040
25. Dao T-M-P, Wang Y, Nguyen N-K (2016) Novel hybrid load-frequency controller applying artificial intelligence techniques integrated with superconducting magnetic energy storage devices for an interconnected electric power grid. Arab J Sci Eng 12
26. Kouache I, Sebaa M, Bey M, Allaoui T, Denai M (2020) A new approach to demand response in a microgrid based on coordination control between smart meter and distributed superconducting magnetic energy storage unit. J Energy Storage 32:101748. https://doi.org/10.1016/j.est.2020.101748
27. Xing YQ, Jin JX, Wang YL, Du BX, Wang SC (2016) An electric vehicle charging system using an SMES implanted smart grid. IEEE Trans Appl Supercond 26:1–4. https://doi.org/10.1109/TASC.2016.2602245
28. Wang K, Wang W, Wang L, Li L (2020) An improved SOC control strategy for electric vehicle hybrid energy storage systems. Energies 13:5297. https://doi.org/10.3390/en13205297
29. Bizon N (2019) Hybrid power sources (HPSs) for space applications: analysis of PEMFC/Battery/SMES HPS under unknown load containing pulses. Renew Sustain Energy Rev 105:14–37. https://doi.org/10.1016/j.rser.2019.01.044
30. Cansiz A, Faydaci C, Qureshi MT, Usta O, McGuiness DT (2018) Qureshi MT usta o mcguiness DT integration of a SMES–battery-based hybrid energy storage system into microgrids. J Supercond Nov Magn 31:1449–1457. https://doi.org/10.1007/s10948-017-4338-4
31. Nomura S, Nitta T, Shintomi T (2020) Mobile superconducting magnetic energy storage for on-site estimations of electric power system stability. IEEE Trans Appl Supercond 30:1–7. https://doi.org/10.1109/TASC.2020.2982877
32. Colmenar-Santos A, Rosales-Asensio E, Borge-Diez D (2019) Renewable electric power distribution engineering. Nova Science Publishers, New York
33. Cansino JM (2018) Two smart energy management models for the Spanish electricity system. Util Policy 13

34. Salama HS, Vokony I (2020) Comparison of different electric vehicle integration approaches in presence of photovoltaic and superconducting magnetic energy storage systems. J Clean Prod 260:121099. https://doi.org/10.1016/j.jclepro.2020.121099
35. Koohi-Fayegh S, Rosen MA (2020) A review of energy storage types, applications and recent developments. J Energy Storage 27:101047. https://doi.org/10.1016/j.est.2019.101047
36. Colmenar-Santos A, Molina-Ibáñez E-L, Rosales-Asensio E, López-Rey Á (2018) Technical approach for the inclusion of superconducting magnetic energy storage in a smart city. Energy 158:1080–1091. https://doi.org/10.1016/j.energy.2018.06.109
37. Gallo AB, Simões Moreira JR, Costa HKM, Santos MM, Moutinho dos Santos E (2016) Energy storage in the energy transition context: a technology review. Renew Sustain Energy Rev 65:800–22. https://doi.org/10.1016/j.rser.2016.07.028
38. Palizban O, Kauhaniemi K (2016) Energy storage systems in modern grids—matrix of technologies and applications. J Energy Storage 6:248–259. https://doi.org/10.1016/j.est.2016.02.001
39. Aneke M, Wang M (2016) Energy storage technologies and real life applications—a state of the art review. Appl Energy 179:350–377. https://doi.org/10.1016/j.apenergy.2016.06.097
40. Colmenar-Santos A, Linares-Mena A-R, Velázquez JF, Borge-Diez D (2016) Energy-efficient three-phase bidirectional converter for grid-connected storage applications. Energy Convers Manag 127:599–611. https://doi.org/10.1016/j.enconman.2016.09.047
41. Colmenar-Santos A, Molina-Ibáñez E-L, Rosales-Asensio E, Blanes-Peiró J-J (2018) Legislative and economic aspects for the inclusion of energy reserve by a superconducting magnetic energy storage: application to the case of the Spanish electrical system. Renew Sustain Energy Rev 82:2455–2470
42. Hannan MA (2017) Review of energy storage systems for electric vehicle applications_issues and challenges. Renew Sustain Energy Rev 19
43. Akram U, Nadarajah M, Shah R, Milano F (2020) A review on rapid responsive energy storage technologies for frequency regulation in modern power systems. Renew Sustain Energy Rev 120:109626. https://doi.org/10.1016/j.rser.2019.109626
44. Satpathy S, Das S, Bhattacharyya BK (2020) How and where to use super-capacitors effectively, an integration of review of past and new characterization works on super-capacitors. J Energy Storage 27:101044. https://doi.org/10.1016/j.est.2019.101044
45. AL Shaqsi AZ, Sopian K, Al-Hinai A (2020) Review of energy storage services, applications, limitations, and benefits. Energy Rep S2352484720312464. https://doi.org/10.1016/j.egyr.2020.07.028
46. Dehghani-Sanij AR, Tharumalingam E, Dusseault MB, Fraser R (2019) Study of energy storage systems and environmental challenges of batteries. Renew Sustain Energy Rev 104:192–208. https://doi.org/10.1016/j.rser.2019.01.023
47. Bizon N (2018) Effective mitigation of the load pulses by controlling the battery/SMES hybrid energy storage system. Appl Energy 229:459–473. https://doi.org/10.1016/j.apenergy.2018.08.013
48. Kim J, Suharto Y, Daim TU (2017) Evaluation of electrical energy storage (EES) technologies for renewable energy: a case from the US Pacific northwest. J Energy Storage 11:25–54. https://doi.org/10.1016/j.est.2017.01.003
49. Ros Marín JA (2017) Barrera Doblado Ó. Vehículos: eléctricos e híbridos
50. Tran D-D (2020) Thorough state-of-the-art analysis of electric and hybrid vehicle powertrains: topologies and integrated energy management strategies. Renew Sustain Energy Rev 29
51. Hoque MM, Hannan MA, Mohamed A, Ayob A (2017) A battery charge equalization controller in electric vehicle applications: a review. Renew Sustain Energy Rev 75:1363–1385. https://doi.org/10.1016/j.rser.2016.11.126
52. İnci M, Büyük M, Demir MH, İlbey G (2021) A review and research on fuel cell electric vehicles: topologies, power electronic converters, energy management methods, technical challenges, marketing and future aspects. Renew Sustain Energy Rev 137:110648. https://doi.org/10.1016/j.rser.2020.110648

53. Sharma S. Storage technologies for electric vehicles n.d., 22, 0000
54. AENOR (2017) UNE 0048: infraestructura para la recarga de vehículos eléctricos. Sist Prot Línea Gen Aliment (SPL)
55. Das HS, Rahman MM, Li S, Tan CW (2020) Electric vehicles standards, charging infrastructure, and impact on grid integration: a technological review. Renew Sustain Energy Rev 120:109618. https://doi.org/10.1016/j.rser.2019.109618
56. The International Council on Clean Transportation. China's new energy vehicle mandate policy (2018)
57. MOT (2021) Ministry of transport of the People's Republic of China
58. MOF (2021) Ministry of finance of the People's Republic of China
59. MIIT (2021) Ministry of industry and information technology of the People's Republic of China
60. Tan Z, Tan Q, Wang Y (2018) A critical-analysis on the development of energy storage industry in China. J Energy Storage 18:538–548. https://doi.org/10.1016/j.est.2018.05.013
61. The People's Government of Hainan Province (2019) Hainan province people's government notice on the issuance of the development plan for clean energy vehicles in Hainan province
62. Standardization administration of China (2021). http://www.sac.gov.cn/
63. China national standards (GB) (2021). https://www.gbstandards.org/
64. C2ES (2021) Center for climate and energy solutions
65. International energy agency I United States—policies and legislation (2021)
66. ZEV (2021) Zero emission vehicle
67. AFDC (2021) Alternative fuels data center
68. ANSI (2021) American National standards institute
69. SAE (2021) Society of automotive engineers
70. Commission E (2011) Roadmap to a single European transport area—towards a competitive and resource efficient transport system. White paper, Brussels
71. STRIA (2017) Strategic transport research and innovation agenda
72. TRIMIS (2017) Transport research and innovation monitoring and information system
73. European Commission (2019) Regulation (EU) 2019/1781. 2019/1781
74. European Parliament (2009) Directive 2009/33/ec. 2009/33/EC
75. European Parliament (2019) Regulation (EU) 2019/631
76. European Parliament (2019) Regulation (EU) 2019/1242
77. Tsakalidis A, Gkoumas K, van Balen M, Marques dos Santos F, Grosso M, Ortega Hortelano A et al (2020) Research and innovation in transport electrification in Europe: an assessment based on the transport research and innovation monitoring and information system (TRIMIS)
78. European Parliament (2014) Directive 2014/94/EU
79. International Electrotechnical Commission (2021) TC 69
80. Zhou X, Tang Y, Jing S, Zhang C, Gong K, Zhang L et al (2018) Cost estimation models of MJ class HTS superconducting magnetic energy storage magnets. IEEE Trans Appl Supercond 28:1–5. https://doi.org/10.1109/TASC.2018.2821363
81. Electricity storage and renewables: Costs and markets to 2030 (2030), p 132
82. Soman R, Ravindra H, Huang X, Schoder K, Steurer M, Yuan W et al (2018) Preliminary investigation on economic aspects of superconducting magnetic energy storage (SMES) systems and high-temperature superconducting (HTS) transformers. IEEE Trans Appl Supercond 28:1–5. https://doi.org/10.1109/TASC.2018.2817656
83. Byd company ltd. (2021)
84. Tesla, inc. (2021)
85. Mercedes-Benz España SAU (2021)
86. Gonsrang S, Kasper R (2018) Optimisation-based power management system for an electric vehicle with a hybrid energy storage system. Int J Autom Mech Eng 15:5729–47. https://doi.org/10.15282/ijame.15.4.2018.2.0439

87. Machlev R, Zargari N, Chowdhury NR, Belikov J, Levron Y (2020) A review of optimal control methods for energy storage systems—energy trading, energy balancing and electric vehicles. J Energy Storage 32:101787. https://doi.org/10.1016/j.est.2020.101787
88. Sun Q, Xing D, Yang Q, Zhang H, Patel J (2017) A new design of fuzzy logic control for SMES and battery hybrid storage system. Energy Procedia 105:4575–4580. https://doi.org/10.1016/j.egypro.2017.03.983
89. Li J, Yang Q, Robinson F, Liang F, Zhang M, Yuan W (2017b) Design and test of a new droop control algorithm for a SMES/battery hybrid energy storage system. Energy 118:1110–22. https://doi.org/10.1016/j.energy.2016.10.130
90. Li J, Xiong R, Yang Q, Liang F, Zhang M, Yuan W (2017) Design/test of a hybrid energy storage system for primary frequency control using a dynamic droop method in an isolated microgrid power system. Appl Energy 201:257–269. https://doi.org/10.1016/j.apenergy.2016.10.066
91. Zheng C, Li W, Liang Q (2018) An energy management strategy of hybrid energy storage systems for electric vehicle applications. IEEE Trans Sustain Energy 9:9
92. Dondapati RS (2017) Superconducting magnetic energy storage (SMES) devices integrated with resistive type superconducting fault current limiter (SFCL) for fast recovery time. J Energy Storage 9
93. Observatory of transport and logistics in Spain ministry of transport (2021) Mobility and urban agenda, energy consumption in transport by mode, type of fuel and type of traffic (national and international)
94. Ministry for the ecological transition and the demographic challenge (2021) Institute for Energy Diversification and Saving
95. European Commission (2015) Joint research centre institute for energy and transport, ACEA. A smart grid for the city of Rome: a cost benefit analysis. Publications Office, LU
96. European CO_2 trading system (2021) In: SENDECO2
97. REE (2021) Red eléctrica de España
98. Stadler M, Momber I, Mégel O, Gómez T, Marnay C, Beer S et al (2010) The added economic and environmental value of plug-in electric vehicles connected to commercial building microgrids. Ernest Orlando Lawrence Berkeley National Laboratory, USA
99. Huang W. Questions and answers relating to lithium-ion battery safety issues. Open Access n.d.:12, 0000.
100. European Commission (2019) AVAS pause function prohibition
101. European Council (1999) 1999/519/CE
102. IRENA (2019) Smart charging for electric vehicles. International Renewable Energy Agency, Abu Dhabi
103. Sun B, Dragicevic T, Freijedo FD, Vasquez JC, Guerrero JM (2016) A control algorithm for electric vehicle fast charging stations equipped with flywheel energy storage systems. IEEE Trans Power Electron 31:6674–6685. https://doi.org/10.1109/TPEL.2015.2500962
104. Sarker MR, Pandžić H, Sun K, Ortega-Vazquez MA (2018) Optimal operation of aggregated electric vehicle charging stations coupled with energy storage. IET Gener Transm Distrib 12:1127–36. https://doi.org/10.1049/iet-gtd.2017.0134

Kapitel 5
Schlussfolgerungen

Das Hauptziel dieses Buches war es, die Möglichkeiten aufzuzeigen, die die Implementierung von Speichersystemen mit hoher Leistungsdichte, wie SMES*(Superconducting-Magnetic-Energy-Storage)*-Systeme, bieten kann, und sie als eine echte Alternative für sich allein, in hybriden Energiespeichern oder in Anlagen zur Erzeugung erneuerbarer Energien zu präsentieren.

Um die gesetzten Ziele zu erreichen, wurde eine Analyse der Hauptbereiche durchgeführt, in denen eine Technologie dieser Art entwickelt und implementiert werden muss. In diesem Sinne wurde die Fallstudie eines solchen Systems im Stromnetz eines Landes wie Spanien, das an europäische Vorschriften gebunden ist und Verbindungen zu Ländern außerhalb der EU oder anderen Kontinenten (wie Marokko) hat, analysiert.

Der charakteristischste Fokus, oder derjenige, der wirklich bestimmen kann, ob ein technologisches System weiterentwickelt wird, ist der wirtschaftliche Bereich. In diesem Sinne müssen die Kosten und Ausgaben für Wartung und die direkten und indirekten wirtschaftlichen Vorteile berücksichtigt werden.

In Bezug auf Herstellungs- und Investitionskosten wurden die hohen Herstellungskosten dieser Systeme gesehen, hauptsächlich aufgrund der inhärenten Komplexität des Systems. Es muss berücksichtigt werden, dass das System aus Elementen bestehen kann, die aufgrund ihrer Eigenschaften sehr teuer sein können. Diese Herstellungskosten hängen von der Leistung ab, die das System haben soll, und seinen Eigenschaften, unter Verwendung von NbTi (Niob-Titan), Nb_3Sn oder MgB_2 in der supraleitenden Spule sowie einem Kühlsystem, das es ermöglicht, die Temperatur der Spule unter ihrer kritischen Temperatur, T_c, zu halten.

Hinzu kommt ein Steuerungs- und Managementsystem, das zu jeder Zeit und unter allen Umständen die höchste Leistung erzielt, sowie elektrische und elektronische Hilfssysteme und sekundäre Elemente, die den Energiespeicherprozess garantieren.

Ein weiterer wichtiger Block im Betrieb dieser Systeme ist die Wartung und Kontrolle. In diesem Zusammenhang muss berücksichtigt werden, dass wir mit Hochspannungs(*HV*)-Elementen und mit kryogenen Systemen arbeiten, was bedeutet, dass Wartungs- und Servicepersonal in zwei Bereichen spezialisiert sein muss, die a priori gegensätzlich zueinander sind. Andererseits ist die Beschaffung eines Kühlelements, sei es Helium, Wasserstoff oder ein anderes Element, ein Punkt, der bei der Berechnung der Wartungskosten dieser Systeme berücksichtigt werden muss.

Andererseits sind die Vorteile der Verwendung dieser Systeme im Stromnetz oder in Off-Grid-Systemen nicht zu vernachlässigen. Unter Berücksichtigung der Verwendung von Leistungsspeicherelementen wie diesen, können sie zur Stabilisierung des Netzes in Produktionszentren oder als Hilfssystem für unterbrechungsfreie Hilfsversorgungssysteme verwendet werden. Dies, zusammen mit den Umweltvorteilen des Ersatzes alter fossiler Brennstoff- oder nicht erneuerbarer Energieerzeugungssysteme durch erneuerbare oder saubere Systeme, macht diese Systeme zu einer wichtigen Speicheroption in der nicht allzu fernen Zukunft.

Allerdings wird dieses System derzeit als eine eher teure Alternative im Vergleich zu anderen Speichersystemen präsentiert. In diesem Sinne wird die Forschung an supraleitenden oder kryogenen Elementen direkt fortgesetzt, mit dem sehr konkreten Ziel, die Kosten von SMES-Systemen zu senken, oder indirekt in Anwendungen wie MRT *(Magnetresonanztomographie)*, NMR *(Kernmagnetresonanz)*, in Kernfusionsreaktoren oder in Teilchenbeschleunigern.

Ein weiterer Fokus, der die Entwicklung eines technologischen Elements im Allgemeinen und dieses Speichersystems im Besonderen beeinflusst, ist der regulatorische Rahmen. An dieser Stelle liegt es in der Verantwortung der Regulierungsbehörden, sicherzustellen, dass Investitionen in die Entwicklung oder Forschung von Systemen dieser Art möglich oder erlaubt sind.

Eine angemessene Regulierung der Betriebssysteme und öffentliche Investitionen in bestimmte Sektoren oder Abteilungen können die Forschung fördern, die die Kosten und die Machbarkeit dieser Systeme zur Realität machen wird. Andererseits könnte die Reduzierung administrativer Hindernisse oder die Förderung privater Investitionen in Supraleitung oder kryogene Systeme, sogar in Managementsystemen, der endgültige Schub für die Implementierung dieser Systeme im Stromnetz sein.

Dies kann mit speziellen staatlichen oder gemeinschaftlichen Investitionsplänen, mit Vorschriften, die ihre Implementierung begünstigen, und mit einem Normierungssystem erreicht werden, das es diesen Systemen ermöglicht, die entsprechende Qualität zu liefern.

Nachdem wir die Kosten und den regulatorischen Rahmen gesehen haben, die eine angemessene Entwicklung und Implementierung ermöglichen, ist es wichtig, die technischen Eigenschaften der Stromnetze und Systeme zu berücksichtigen, in denen ihre Implementierung möglich ist. Zu diesem Zweck wurde die Notwendigkeit gesehen, diese Art von System in Verteilnetzen zu entwickeln, die als Smart Grids bekannt sind. Dieser Netztyp umfasst Modelle wie die dezentrale Erzeugung, bei der es eine große Anzahl von Generatoren gibt, die über das Stromnetz verteilt sind, nahe bei den Verbrauchern, dank der umfangreichen Implementierung von Photovoltaik-Solarpanels, Windturbinen/Mikrogeneratoren oder anderen erneuerbaren Erzeugungssystemen. Dieses System gewinnt an Boden gegenüber früheren Systemen, bei denen es wenige Erzeugungszentren und große Übertragungsleitungen gab.

Das neue Modell der Stromerzeugung und -verteilung beinhaltet Smart Cities. Dieses Konzept umfasst nicht nur das Energiemodell und -system, sondern auch andere Blöcke wie Infrastrukturen, Mobilität oder administrative Verwaltung, alle gesteuert und reguliert durch Messstellen und elektronische Managementelemente. In Smart Cities sind Energieerzeugung und -speicherung grundlegend, da das Ziel ist, dass jede Stadt in der Lage ist, sich mit ihren eigenen Erzeugungselementen zu versorgen, ohne die Verbindung zum Rest der Systeme zu verlieren.

In diesem Konzept ist die Speicherung ein wesentliches Element. Das Management und die Anpassung der Speicherung an die Stadtmodelle sind entscheidend, um eine größere Energieeffizienz in der Entwicklung von Smart Cities zu erreichen.

Hybride Energiespeichersysteme, die Speicherkomponenten mit hoher Energiedichte, wie Batterien oder CAES, und Speicherkomponenten mit hoher Leistungsdichte, wie SMES oder Superkondensatoren, verwenden, ermöglichen es, den Stromsystemen dieser Städte eine große Vielseitigkeit zu verleihen. Energiespeicher-Hybridisierungssysteme haben verschiedene Konfigurationen, die sich an die Eigenschaften jeder Stadt anpassen, abhängig von ihrer Industrialisierung, dem Dienstleistungssektor, der physischen Verteilung des Verbrauchs, unter anderem.

Wie wir gesehen haben, beinhalten Smart Cities den Mobilitätsblock, der die gesamte Fahrzeugflotte, sowohl privat als auch öffentlich, umfasst. Die Idee ist, zu berücksichtigen, dass die Mobilität in den Städten der Zukunft, obwohl immer präsenter, auf Elektrofahrzeuge ausgerichtet sein wird.

Es besteht die Möglichkeit, dass Elektrofahrzeuge zu Speicherelementen werden. Dieses Konzept wurde V2G *(Vehicle To Grid)* genannt und ermöglicht es Fahrzeugen, die Funktion von skalierbaren Speichersystemen zu übernehmen sowie elektrische Regulierungssysteme für das Netz. Deshalb besteht die Option, eine SMES-Komponente in der Energiespeicherung des Fahrzeugs zu verwenden. Dies würde zwei Vorteile bieten. Der erste ist, dass es als Speicher mit hoher Leistungsdichte im V2G-System verwendet werden könnte, mit all den Vorteilen, die dies bieten könnte. Andererseits könnte es beim Starten des Elektromotors von EVs helfen, wo der Stromverbrauch und die Leistungsanforderung beim ziemlich hoch sind.

Dies könnte ein weiterer Punkt sein, der in Bezug auf Implementierung und Entwicklung zu berücksichtigen ist, seine Skalierbarkeit in der Umgebung. In diesem Sinne wäre es auch notwendig, die Kosten und die Regulierung seiner Implementierung in mobilen Elementen zu berücksichtigen, was nicht trivial ist. Das Hauptproblem, das a priori auftritt, ist das kryogene System der supraleitenden Spule in einem Elektrofahrzeug, wo das Kühlelement Helium oder Wasserstoff ist, was bei einem Unfall sehr gefährlich sein kann.

Wie bereits erwähnt, besteht die Hauptverwendung von SMES in Fahrzeugen nur darin, den Elektromotor beim Starten zu unterstützen, so dass das System ziemlich klein sein könnte. Andererseits sind die Kosten der heutigen EVs im Vergleich zu ICE-Fahrzeugen ziemlich hoch. Fügt man diesem ein bereits teures Speichersystem hinzu, hilft das nicht der Machbarkeit des EV mit hybriden Speichersystem mit SMES.

Hier kommt erneut der Bedarf an Investitionen und günstiger Regulierung ins Spiel, um die Kosten zu senken und das komplexe SMES-Speicher- und Kryosystem zu vereinfachen. Mögliche Lösungen sind die Suche nach Materialien, bei denen die kritische Temperatur deutlich höher ist als die aktuellen, und das Kryosystem viel einfacher ist, oder LIQHYSMES-ähnliche Systeme, die es ermöglichen, andere Fahrzeugelemente zu reduzieren bzw. doppelt zu nutzen.

Trotz der Nachteile, die sich bei der Verwendung von SMES in kleinen Fahrzeugen oder Systemen ergeben können, gibt es auch große Vorteile zu berücksichtigen, wie den Umweltnutzen, da die Verwendung von herkömmlichen Batterien oder Batterien, deren Herstellungselemente hochtoxisch sind, reduziert würde. Dies impliziert auch eine Reduzierung der damit verbundenen Kosten, da es vermieden wird, Batterien mit giftigen Stoffen zu recyceln. Andererseits hat sich gezeigt, dass diese Systeme eine große Haltbarkeit haben, mehr als 10.000 Zyklen mit einer sehr hohen Leistung. Sie haben auch einen hohen Grad an Anpassungsfähigkeit und helfen bei der elektrischen Verwaltung des Systems.

All diese Vorteile sollten ausreichen, um Investitionen in Speichersysteme dieser Art zu fördern, die die Entwicklung neuer Gesellschaften und ihrer elektrischen Systeme unterstützen.

Die Welt verändert sich hin zu einem saubereren, weniger verschmutzenden, effizienteren System mit einem größeren Bewusstsein für die Umweltverantwortung. Deshalb müssen Systeme, die dazu beitragen können, die gesteckten Klimaziele zu erreichen, zum Wohle aller, gefördert und gründlich erforscht werden und die unzähligen Vorteile und Anwendungen sehen, die sie bieten können. Sie müssen auch verfeinert und auf die Nachteile fokussiert werden, um ihre Implementierung in der heutigen Welt schneller und effizienter zu machen und die genannten Ziele zu erreichen.

GPSR Compliance

The European Union's (EU) General Product Safety Regulation (GPSR) is a set of rules that requires consumer products to be safe and our obligations to ensure this.

If you have any concerns about our products, you can contact us on ProductSafety@springernature.com

In case Publisher is established outside the EU, the EU authorized representative is:

Springer Nature Customer Service Center GmbH
Europaplatz 3
69115 Heidelberg, Germany

Batch number: 08730916

Printed by Printforce, the Netherlands